Die elektrischen
Wasserstands-Anzeiger.

Für

Wasserbau- und Maschinen-Techniker, Wasserleitungs-Ingenieure,
Fabrikdirektoren, Industrielle u. s. w.

Von

L. Kohlfürst,
Oberingenieur.

Mit 54 in den Text gedruckten Holzschnitten.

Berlin 1881.

Verlag von Julius Springer.
Monbijouplatz 3.

ISBN-13: 978-3-642-47217-6 e-ISBN-13: 978-3-642-47576-4
DOI:10.1007/ 978-3-642-47576-4

Druck von A. Haack in Berlin NW., Dorotheenstr. 55.

Inhalt.

Vorwort.

E_s ist eine bekannte Thatsache, dass in Amerika elektrische Einrichtungen nicht nur in alle grösseren industriellen Etablissements, sondern selbst in das Privat- und Familienhaus ihren Weg gefunden haben, sei es in dieser oder jener Form und für die mannigfachsten Zwecke.

Weniger rasch geht es in dieser Beziehung bei uns vorwärts, und Derjenige, welcher mit solchen Einrichtungen vertraut ist, hat oft genug Gelegenheit sich darüber zu wundern, dass man complicirte, mechanische Apparate u. s. w. welche ihren Zweck nur unzureichend oder schwerfällig erfüllen, oder sich auch als besonders kostspielig erweisen, in Fällen anwendet, wo durch eine ganz einfache elektrische Vorrichtung weit besser und billiger zum Ziele gelangt werden könnte. Es gilt dies vornehmlich innerhalb des Bereiches aller jener Einrichtuugen, welche eine Zeichengebung oder auch eine anderweitige Arbeitsleistung auf grössere Entfernungen bezwecken.

So fand ich beispielsweise vorigen Jahres in einem grossen industriellen Etablissement eine arge, mit beträchtlichen Verwüstungen verbundene Ueberschwemmung vor, herbeigeführt durch das Ueberfallswasser eines grossen Reservoirs. In dasselbe hatte man durch mehrere Nachtstunden Wasser gepumpt, obwohl es bereits gefüllt war, weil der dazugehörige Wasserstandszeiger, welcher auf eine Distanz von etwa 100 Meter arbeiten muss, infolge Verschmutzung den Dienst versagte. Aehnliche Vorfälle kamen dort, laut Mittheilung des Directors, trotz sorgsamer Beaufsichtigung des Schwimmers öfter vor, sind jedoch in jüngster Zeit d. h. seitdem die mechanische Vorrichtung durch eine elektrische ersetzt worden ist, nicht mehr vorgekommen, obwohl die Funktion des elektrischen Wasserstands-Anzeigers mit der kalten Jahreszeit begann, also gerade in jener Periode, in welche früher die meisten Störungen fielen.

Mir wurde das hier erzählte Vorkommniss Veranlassung im deutschen polytechnischen Verein in Prag einige der in der Praxis Verwendung findenden, elektrischen Wasserstands-Anzeiger zu besprechen und ihre Verbreitung zu befürworten. Auf vielseitige Aufforderungen übergebe ich den Vortrag — entsprechend erweitert und ergänzt — der Oeffentlichkeit. Es geschieht dies selbstredend nur in der Absicht, solchen Technikern und Industriellen, die in der Lage sind, von den mehrerwähnten Einrichtungen etwa mit Vortheil Gebrauch zu machen, welchen aber die Anwendung der Elektricität in Anbetracht ihrer Specialität weniger geläufig ist, an die Hand zu gehen.

Es möge desshalb gestattet sein, der näheren Besprechung einzelner Apparatsysteme und Beispiele eine Erinnerung vorauszuschicken, über die Prinzipien von elektrischen Anlagen für Zeichengebung überhaupt. Diese Erinnerung wird zwar manchem Leser gegenüber überflüssig, für manchen jedoch, und zwar grade für jene, deren Vertrauen der Sache erst gewonnen werden soll, immerhin seinen Werth haben, und es sei schliesslich nochmals hervorgehoben, dass vorliegendes Schriftchen für Techniker aller Farben, Fabriksleiter, Industrielle u. s. w. bestimmt ist.

Prag, im December 1880.

I.

Zweck und Aufgabe der elektrischen Wasserstands-Anzeiger.

1. In allen industriellen Etablissements, Fabriken und bei allen Verkehrsanstalten, insbesondere aber wo stabile, mobile oder lokomobile Dampfmaschinen benützt werden, spielt die Wasserversorgung eine hochwichtige Rolle. In den seltensten Fällen wird der Bedarf an Wasser durch direktes Zuströmen gedeckt werden, sondern in der Regel sind eigene Reservoirs aufgestellt, in welchen die Wasservorräthe, sei es durch natürlichen Zufluss, sei es durch Pump- oder Druckwerke gesammelt werden. In diesen Fällen ist es stets ein Erforderniss über den Stand des Wasservorrathes im Klaren zu sein.

Höchst selten gestatten es die Verhältnisse, die Wasser-Förderungsmaschine unmittelbar zunächst des Wasserreservoirs aufzustellen, so dass sich der Maschinenwärter jederzeit durch den Augenschein oder durch einfache Schwimmer Rechenschaft über den Wasserstand zu verschaffen in der Lage ist.

Viel häufiger ergiebt sich der Fall, dass das Maschinenhaus, oder sagen wir jene Stelle, an welcher die Wasserstände zu wissen nötig sind und die diesfällige Kontrole zu üben ist, vom Reservoir nennenswerth, ja beträchtlich entfernt steht, wo es dann seine Schwierigkeiten hat, dem Maschinenmeister, oder jenem Organe, welchem die fragliche Kontrole obliegt, durch mechanische Mittel den Stand des Wassers anzuzeigen, den er wissen muss, um darnach die Leistung seiner Maschine, beziehungsweise die Zuflüsse überhaupt, zu reguliren.

Ebenso lebhaft, ja noch lebhafter wird das Bedürfniss eines strikten Nachweises an entfernter Stelle über den Wasserstand bei Schleusen, Wasserwerken aller Art, an Flüssen zur Zeit des Eisstosses u. s. w. empfunden.

In der That hat man die Wichtigkeit und Tragweite elektrischer Wasserstands-Anzeiger für diese Zwecke schon frühzeitig erkannt. Denn bereits 1855 construirte Du Moncel[1]) auf Anregung des Herrn Lepeinter, damaligen Wasserbau-Ingenieur in Caen einen solchen Apparat[2]), allem Anscheine nach, den ersten dieser Art.

Im Jahre 1866 haben Siemens & Halske[3]) einen Wasserstandszeiger für die Wasserwerke der Spree ausgeführt, bei welchem die feuchte Batterie eliminirt war (vergl. Punkt 33); im Oktober 1869 demonstrirte Dr. G. Hasler der bernischen, naturforschenden Versammlung einen elektrischen Wasserstandszeiger, der damals zur Verbindung des Wasserreservoirs auf dem Könizberge mit der Wasser-Anstalt in Bern aufgestellt war (vergl. Punkt 28); 1876 wurde eine wichtige Einrichtung dieser Art von Hardy über Auftrag des Departements-Ingenieurs Jollois bei den Wasserwerken von Saint-Etienne getroffen[4]); gleich das Jahr darauf

---

[1]) Vergl. Le Technologiste 1880 Nr. 131 Seite 315 ff.

[2]) Dieser Apparat (verglch. Du Moncel Exposé II. Auflage Band IV Seite 527, Band V Seite 157) gleicht einem Zeigertelegraphen, verbunden mit synchronen Uhrwerke und einer Registrirvorrichtung. Die Anordnung ist complicirt, ja complicirter als es der hier ins Auge gefasste Zweck erfordert und unterblieb desshalb im Nachstehenden eine weitere Beschreibung.

[3]) Vergl. Dub, Die Anwend. des Elektromagnetismus 2. Aufl. S. 782.

[4]) Die Stadt Saint Etienne wird vermittels einer Kanalisation, durch welche sehr entfernte Quellen aufgefangen und in ein sehr grosses Bassin geleitet werden, mit Wasser versorgt. Die Wand des in einer Thalschlucht liegenden Bassins ist an der Schleusenseite 50 Meter hoch und das Mauerwerk der Bassins 45 m stark. Um eine gute Vertheilung des Wassers zu ermöglichen, wird es von hier in ein gewölbtes, unterirdisches Reservoir geleitet, das von der Stadt ungefähr 2800 m entfernt und ca. 100 m. höher als diese liegt. Damit an der Schleuse des grossen Bassins die entsprechende Regulirung vorgenommen werden kann, ist es notwendig beim Reservoir und Bassin wechselweise den jeweiligen Wasserstand zu wissen.

votirte der Generalrath von Aveyron die nöthigen Fonds zur Errichtung eines ganzen Systemes solcher Wasserstandsanzeiger längst des Stromes Lot; u. s. w.

Auch die Eisenbahnen benützen in ihren Wasserstationen wohl schon seit 10 — 15 Jahren elektrische Wasserstandszeiger.

Aber diese Einführungen stehen noch immer in gar keinem Verhältnisse zu dem Bedürfnisse, abgesehen von anderweitigen und sich empfehlenden Anwendungen, die doch so mannigfach sind, dass sie gar nie erschöpfend angeführt werden können. Immer aber handelt es sich darum, dass der Stand des Wassers in irgend einem Raume, nach einer entfernten Stelle durch Signale momentan bekannt gegeben werde.

Die elektrischen Einrichtungen, die wir, als zur Leistung dieses Dienstes besonders geeignet, nachstehend betrachten wollen, lassen sich übrigens auch noch einem weit grösseren Felde, als dem der blossen „Wasserstandsanzeiger" anpassen; es muss nicht gerade Wasser sein, dessen Steigen und Fallen angezeigt werden soll; es kann sich ebensogut um eine beliebige Flüssigkeit, um eine Gasometer-Glocke, eine Förderschale, dem Fahrzeuge eines Bremsberges, den Diffusionsapparat einer Zuckerfabrik, u. s. w. u. s. w. bandeln. Fast immer wird sich die elektrische Zeichengebung ohne besondere Schwierigkeiten ausführbar erweisen und eines der vorgeführten Beispiele durch eine grössere oder geringere Modification dem Falle anpassen lassen.

Sobald die Entfernung der Stelle, von welcher die Zeichen ausgehen sollen, von jener, an welcher diese empfangen werden sollen, eine nennenswerthe ist, oder der erstbezeichnete Punkt von dem zweitgedachten durch koupirtes Terrain oder Zwischenobjekte geschieden ist, so dass sich selbst bei geringen Entfernungen mechanische Anlagen schwierig gestalten, verdient stets die elektrische Einrichtung den Vorzug.

2. Die Aufgabe einer solchen Vorrichtung, oder vielmehr die Leistungen, welche man von ihr fordert, werden nicht immer die gleichen sein. Es kann

   1) etwa blos die Nachricht über den erreichten höchsten Wasserstand (allgemein ausgedrückt: das Maximum des,

vom zu kontrolirenden Objekte zurückzulegenden Weges) oder blos über den niedrigsten Wasserstand (das Minimum des vom zu kontrolirenden Objekte zurückzulegenden Weges) gewünscht werden, oder

2) es soll das Maximum und Minimum signalisirt werden; oder es erscheint geboten, dass

3) das Maximum und Minimum, ausserdem aber auch gewisse Zwischen-Abschnitte gekennzeichnet werden; es kann ferner wünschenswerth sein, dass

4) der jeweilige Wasserstand, auf geringe, gleichbleibende Differenzen genau zur Darstellung gelange, und vielleicht noch ausserdem das erreichte Maximum oder Minimum durch besondere Zeichen (Alarmsignale) hervorgehoben werde; endlich kann auch das Bedürfniss vorliegen, dass

5) der jeweilige Wasserstand durch bleibende Aufschreibung unter Angabe der Zeit registrirt werde.

Für alle diese Anforderungen finden sich in den später angeführten Beispielen Lösungen.

II.

Prinzip elektrischer Signalanlagen.

3. Es giebt bekanntlich Körper, welche die Elektricität gut leiten z. B. Metalle, Kohle, Salzlösungen und Säuren u. s. w. Dann wieder solche, die sogenannten Nichtleiter (Isolatoren), wozu die Harze, Porcellan, Glas, Seide, Kautschuk, Guttapercha, Elfenbein, Wachs, trockenes Holz u. s. w. zählen, welche diese Eigenschaft nicht besitzen.

Denkt man sich nun einen guten Leiter, beispielsweise Metalldraht, von dem Orte, wo ein Zeichen gegeben, bis zu jenem, wo es empfangen werden soll, gezogen, so dass der Draht wieder zu seinem Ausgangspunkte zurückkehrt, also eine in sich geschlossene Linie bildet und auf seinem ganzen Wege von lauter Nichtleitern umgeben ist, ferner, dass in diesen Schliessungskreis entweder dauernd oder zeitweilig eine galvanische Batterie oder sonstige

Elektricitätsquelle eingeschaltet werden kann, und dass an dem Orte, wo das Zeichen hervorzubringen ist, sich ein Apparat befindet, der es ermöglicht, die Ein- oder Ausschaltung der Elektricitätsquelle oder überhaupt eine Aenderung des Zustandes des Schliessungskreises willkürlich zu bewerkstelligen, während sich am Empfangsorte eine zweite Vorrichtung befindet, welche die durch den vorerwähnten Apparat verursachten Aenderungen irgendwie wahrnehmbar macht, so sind hiermit die Bedingungen für eine Signalgebung mittels Elektricität erfüllt.

Ein unbedingtes Erforderniss für jede, wie immer geartete elektrische Signalanlage ist sonach a) die Leitung, b) die Elektricitätsquelle, c) die Vorrichtung, mit welcher das Zeichen hervorgerufen wird, der Zeichengeber und d) jene, welche die Thätigkeit des Zeichengebers sinnlich wahrnehmbar macht, der Empfänger.

a) Die Leitung.

4. Die wichtigsten Bedingungen für eine Telegraphenleitung sind: gute Leitungsfähigkeit, Kontinuität und Isolirung. Den beiden ersten Erfordernissen nach müsste also eine Telegraphenleitung aus einer isolirten Metall-Drahtleitung bestehen, die von dem Ausgangspunkte bis zum Endpunkte und vom Endpunkte wieder zurück zum Anfangspunkte gezogen ist. Seit der Entdeckung der Erdleitung jedoch wird für lange Leitungen kein eigener Rückleitungsdraht gezogen, sondern statt eines solchen die Erde verwendet. Man lässt nämlich die Enden der einen Drahtleitung unter die Erde auslaufen, und zwar, entweder an grosse Kupfer- oder Zinkplatten genietet, in Gruben, womöglich unter dem Niveau des Grundwassers, vergraben, oder an Eisenbahnschienen,

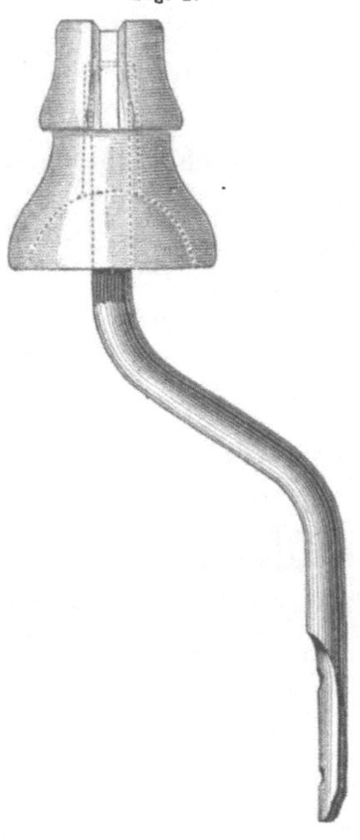

Fig. 1.

Eisenröhren etc. befestigt, welche in den Boden eingetrieben sind.
Als vorzügliche Erdleitungen können die Metallröhren der Gas-
und Wasserleitungen verwendet werden. Eine Erdleitung ist nur
dann gut, wenn die Enden der Luftleitung, also die Erdplatten
oder Erdschienen etc. in eine permanent feuchte Erdschicht zu
liegen kommen.

Für im Freien angebrachte Leitungen wurde ursprünglich
Kupferdraht angewendet; aus ökonomischen Gründen sowohl, als

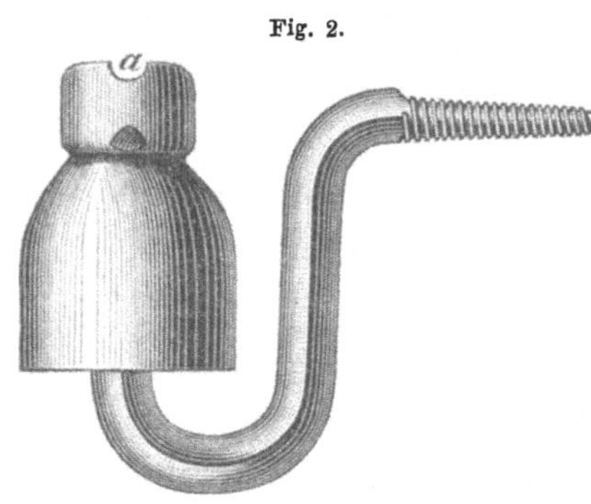

Fig. 2.

auch deshalb, weil das Eisen eine grössere Festigkeit und geringere Dehnbarkeit besitzt, also weniger Stützpunkte bedarf, hat man seit längerem schon von der Anwendung anderer Metalle, ausser Eisen und Stahl Abstand genommen. Derzeit wendet man $3-5^{mm.}$ (in Ostindien und Bengalen sogar $8^{mm.}$) dicken Eisendraht, ab und zu auch Stahldraht an. Die laufende Leitung ist aus kontinuirlich verbundenen Drähten (sog. Drahtadern) hergestellt.

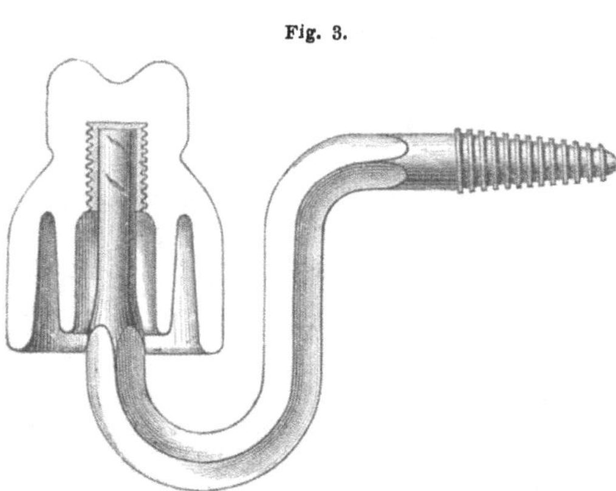

Fig. 3.

Die Enden je zweier zusammenstossender Adern müssen selbstverständlich so verbunden sein, dass sie nicht nur entsprechend fest an einander halten, sondern auch soliden metallischen Kontakt haben, weshalb es zweckdienlich ist die Bundstelle durch Verlöthen oder durch Ueberziehen mit Blei oder Guttapercha vor der Oxydation zu schützen.

Die in der Luft ausgespannte Drahtleitung muss selbstverständlich in gewissen Abständen unterstützt oder aufgehängt sein; hiefür stehen hölzerne, eiserne oder steinerne Säulen oder an Gebäuden guss- und schmiedeiserne Träger der mannigfachsten Construction in Anwendung.

Die Stützpunkte (Telegraphenstangen) sind zumeist ca. 30 bis 60^m von einander entfernt. Diese Entfernung ist näher bedingt durch die Anzahl und Schwere der aufgehängten Drahtleitungen, durch die Stärke der verwendeten Telegraphenstangen und durch den Krümmungsradius der Linientraçe, endlich durch die Grösse und Form der Baulichkeiten, welche etwa zur Anbringung der Leitung zu benutzen sind. Die aufgehängte Drahtleitung darf nie unmittelbar mit den Stützen in Berührung kommen, weil

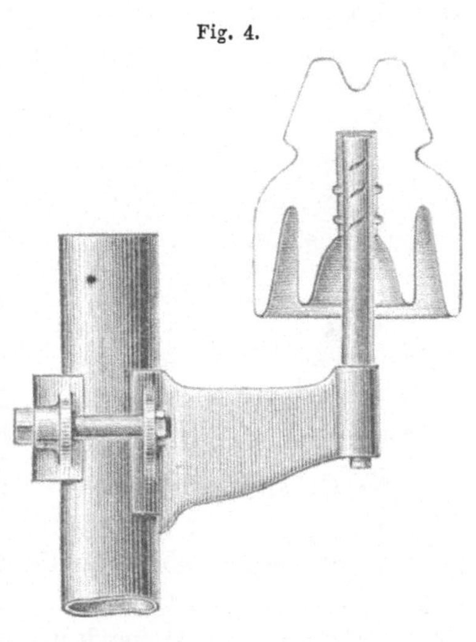

Fig. 4.

sonst durch die Stützen, auch wenn sie nicht von Eisen, sondern von Holz oder von Stein sind, Nebenschliessungen entstehen, indem sie bei feuchtem Wetter dem Strome das Abgehen zur Erde ermöglichen.

An den Stützpunkten also sind solche Stoffe (Isolatoren) zwischen Träger und Draht zu bringen, welche letzteren vollständig isoliren. Diese Isolatoren werden aus Porcellan, Glas, Guttapercha u. s. w. hergestellt und haben die mannigfachste Gestalt; für alle gilt jedoch die

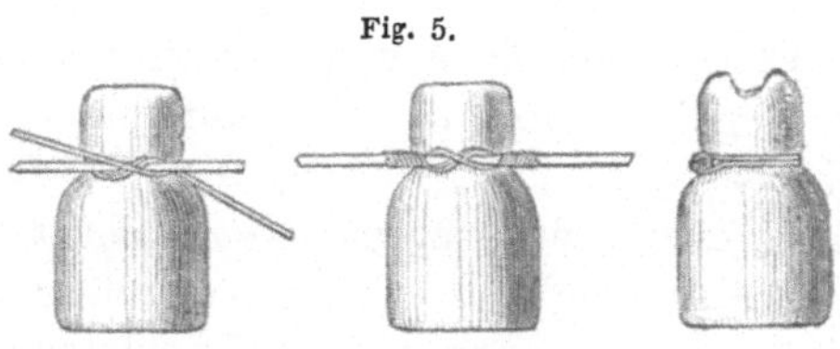

Fig. 5.

Grundbedingung, dass ihre Form das Abrinnen der feuchten Niederschläge bestens erleichtere. Fast immer sind die Isolatoren glockenförmig (Fig. 1 bis 4); sie werden auf eisernen Trägern, welche wieder an den Stangen angeschraubt oder in Mauerwerk eingemauert sind, aufgegypst oder mittelst firnissgetränktem Werg aufgekittet und aufgeschraubt etc. Die Befestigung des Drahtes am Isolator geschieht, indem jener entweder um den Hals des Isolators gewunden, oder nur um den Hals gelegt (Fig. 5) oder auf den Kopf aufgelegt (Fig. 6) und mit einem zähen Bindedraht, wie dies die Figuren 5 und 6 ersichtlich machen, festgebunden wird.

Fig. 6.

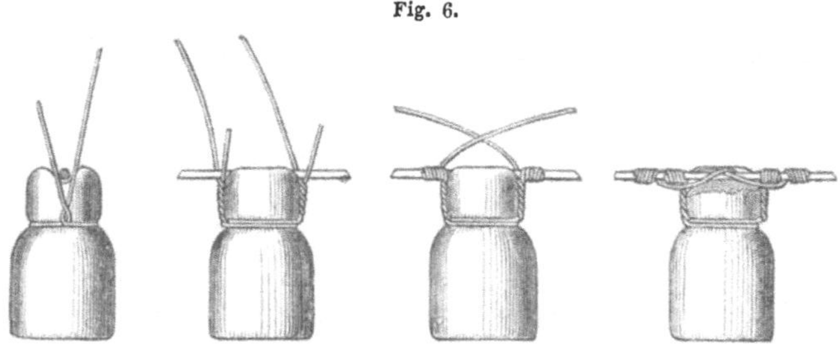

Bei Uebersetzungen solcher Stellen, wo die Unterstützungen der Leitung nur in besonders grosser Entfernung von einander angebracht werden, ebenso an Gebäuden oder an den Vereinigungsstellen einer grösseren Anzahl von Leitungen kommt mit Vorteil Stahldraht zur Anwendung.

5. Wo die Leitungen von Aussen in das Innere eines Gebäudes durch die Mauer geführt wird, kann man blanke Drähte nicht benützen, sondern hier, sowie bei den in Gebäuden längs den Wänden gezogenen und von und zu den Apparaten führenden Leitungen wendet man mit Guttapercha, Kautschuk oder anderen gut isolirenden Stoffen überzogene Kupferdrähte an. Bei dem Uebergange der Leitungen von Aussen in das Innere der Gebäude empfiehlt es sich, den an die blanke Eisen-Drahtleitung L (Fig. 7) gelötheten, mit Kautschuk oder Gummi überzogenen Kupfer-Draht nicht einfach durch ein Loch der Mauer W, sondern durch ein eingemauertes Rohr t aus Ebonit, Glas oder Porcellan u. dgl., das sich, um dem Regen keinen Eingang zu gestatten, trichterförmig nach abwärts erweitert, einzuführen. In feuchten Räumen wird stets sog. Guttaperchadraht anderen Sorten isolirter Drähte vorzuziehen sein, während an trockenen Orten auch sog. Wachsdraht, ein mit Wolle umsponnener und dann in

Paraffin eingelassener, schliesslich gewachster Kupferdraht gut benützt werden kann. Es unterliegt bekanntlich keiner Schwierigkeit, wenn nötig, die Leitungen unterirdisch zu legen; sie werden dann eben nur um so sorgfältiger isolirt und je nach dem Grade, als sie einer Gefährdung ausgesetzt sind, durch stärkere oder schwächere, übergewundene Eisen - oder Stahldrähte geschützt sein müssen. Solche Kabel erzeugen in den mannigfachsten, allen erdenklichen Verhältnissen angepassten Stärken und Anordnungen in Deutschland die Firmen Siemens & Halske in Berlin und Felten & Guilleaume in Köln, während der sogenannte Kautschuk-, Gummi (Houpper)- und Wachsdraht so ziemlich bei jedem Telegraphenmechaniker vorrätig ist und bezogen werden kann.

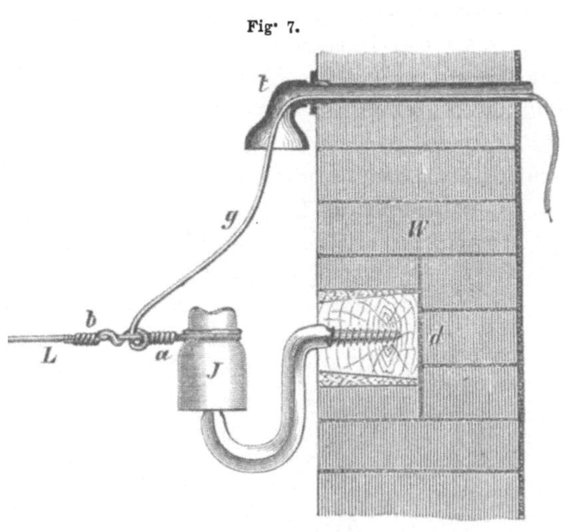

Fig. 7.

b) **Die Elektricitätsquellen.**

6. Bei der Wichtigkeit, welche die Elektricitätsquelle für den Betrieb einer elektrischen Signalanlage besitzt, wird es jederzeit eine Hauptaufgabe sein, eine möglichst entsprechende zu wählen und für deren vorzügliche Erhaltung Sorge zu tragen.

Unter den feuchten Batterien verdient jene den Vorzug, welche bei langer Dauer kräftige und möglichst constante Ströme zu erzeugen vermag, gleichzeitig billig anzuschaffen und zu erhalten ist und dabei der möglichst geringen Pflege bedarf. Wenn das System langandauernde Stromschlüsse bedingt, werden nur solche Batterien anwendbar sein, welche sich durch besondere Konstanz auszeichnen; in Leitungen hingegen, wo nur momentane

Schliessungen vorkommen, sind selbstverständlich Elemente vorzuziehen, welche einen energischeren Strom liefern, wenn sie auch
nicht vollkommen konstant sind, da ihnen die Intervalle zwischen
den Stromschlüssen Zeit zur Erholung bieten.

Unter den konstanten Elementen, welche für Signalanlagen,
wie sie die vorliegende Schrift in Betracht zieht, am häufigsten
und zweckdienlichsten verwendet werden, wären das Pappelement
von Siemens & Halske und das Meidinger'sche Ballonelement,
endlich auch das Leclanché'sche besonders anzuführen.

7. Siemens & Halske's Pappelement Fig. 8 besteht

Fig. 8.

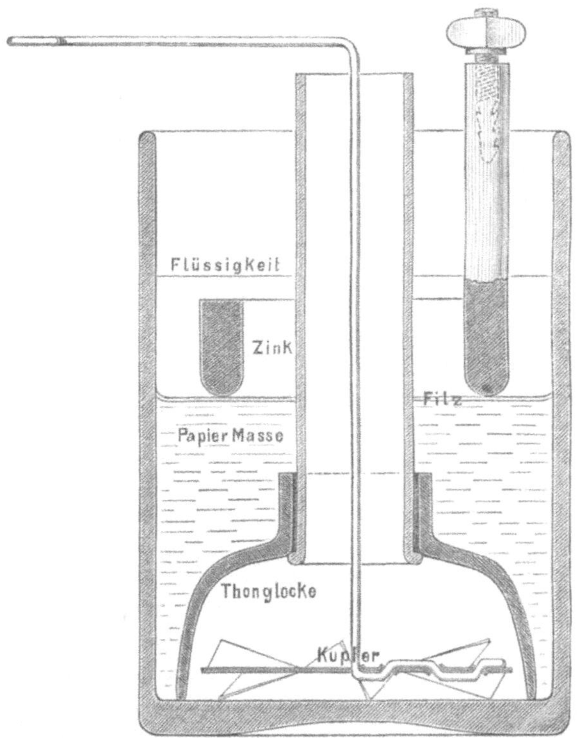

aus einem cylindrischen Glasgefässe, auf dessen Boden eine
glockenförmige Thonzelle steht, in deren Hals eine Glasröhre
eingesetzt ist. Ehe die Thonzelle in das Standglas gebracht

wird, wird der Kupferpol eingesetzt, bestehend aus einer radial aufgeschnittenen und wie ein Windrad aufgebogenen Kupferblechscheibe, an die ein mit Kautschuk überzogener, durch die Glasröhre aufwärts gehender, als Polanschluss dienender Kupferdraht angenietet ist. Rings um die Thonzelle und noch ein Stück höher um die Glasröhre kommt Papiermasse (Papierstoff), die vorher mit einem Viertel ihres Gewichtes englischer Schwefelsäure übergossen, dann gut durchgeknetet und wieder ausgewaschen und ausgepresst wurde. Die schichtenweise ins Glas zu bringende Papiermasse wird noch recht fest eingedrückt und zu oberst durch einen Ring von Filz oder wollenem Zeug bedeckt. Darauf ruht das ringförmige Zink, an dem ein aufwärts gehender Stiel angegossen ist, der eine Klemme trägt und als Polanschluss dient. Durch das Glasrohr werden nun Kupfervitriolkrystalle in das Innere der Thonzelle gebracht und dann wird Wasser eingeschüttet; in den Raum des Glases, wo sich das Zink befindet, kommt dagegen mit Schwefelsäure angesäuertes Wasser, oder eine leichte Lösung von Kochsalz oder Bittersalz. Dieses Element hält mehrere Monate ungeschwächt an, doch muss von Zeit zu Zeit Kupfervitriol durch die Glasröhre nachgefüllt werden. Die Intervalle des Nachfüllens hängen ab von der Inanspruchnahme der Batterie und ergeben sich aus der Erfahrung.

8. Beim **Ballonelement** Fig. 9 ist am Boden des Batterieglases ein zweites kleines Glas eingesetzt, in welchem sich ein cylindrisch zusammengedrehtes Kupferblech befindet, an dem wieder ein mit Kautschuk überzogener Kupferdraht, der Polanschluss k, angenietet ist. Der Zinkpol, ein gewalzter oder gegossener Ring, be

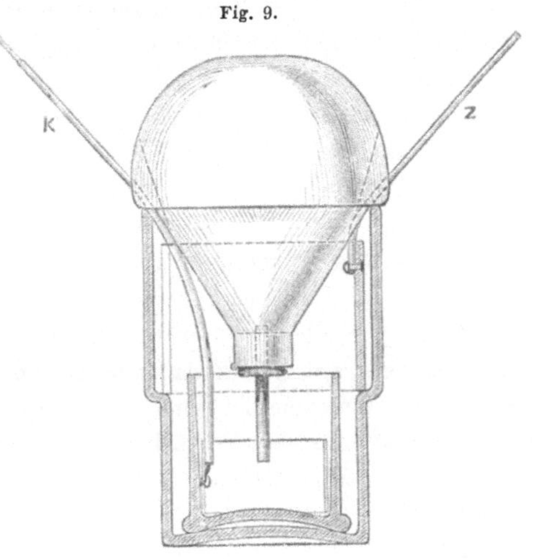

findet sich im oberen Teile des Batterieglases und ruht auf dem durch die Verengung des Glases entstandenen Wulst. Die weiter dazu gehörige, ballonförmige Flasche ist so geblasen, dass sie eine, der Weite des Batterieglases entsprechende Einkerbung hat, vermöge welcher sie unverrückbar am Glasrande aufsitzt und so gleichsam als Deckel, beziehungsweise Verschluss des Elementes dient; ausserdem sind zwei Einkerbungen da, welche die Polanschlüsse k und z durchlassen. Zum Gebrauche wird die Ballonflasche mit Kupfervitriol-Krystallen und Wasser angefüllt und dann mit einem Korkstöpsel, durch welchen ein Glasröhrchen oder ein Federkiel durchgesteckt ist, verschlossen. Das Standglas wird hingegen bis zur entsprechenden Höhe mit Bittersalzlösung gefüllt, sodann erst die gefüllte Ballonflasche, mit dem Halse nach unten, eingesetzt. Die Kupfervitriollösung geht durch das Glasröhrchen oder den Federkiel in das kleine Gefäss des Kupferpoles. Die ziemlich voluminöse Ballonflasche bildet ein Reservoir für die Kupfervitriollösung, wodurch das lästige Nachfüllen überflüssig gemacht wird. Auch diese Elemente dauern bei nicht alzugrosser Inanspruchnahme 3—4 Monate. Bis die Flüssigkeit in der Ballonflasche weisslich wird, muss das Element auseinandergenommen, der Zinkcylinder gut gereinigt, der Kupferpol vom angesetzten Niederschlag befreit und dann das Element wieder wie oben gefüllt werden. Ist das Zink schon zu sehr verzehrt, muss es natürlich durch einen neuen Ring ersetzt werden.

9. Beim Leclanché'schen Element (Fig. 10) ist in das Batterieglas ein Thoncylinder eingesetzt, in welchem sich eine mit einer Bleikappe K und Klemme e versehene Kohlenplatte c befindet, die ringsum mit einem Gemenge von kleinen Stückchen Coakes und Braunstein umgeben wird. Im äusseren Raume des Glases befindet sich in concentrirter Salmiaklösung ein Zinkstab a. Diese Elemente sind zwar nicht so constant, wie die früher geschilderten, nichtsdestoweniger für Signalvorrichtungen, welche mit Arbeitsstrom betrieben werden, höchst brauchbar, da sie einen ziemlich energischen Strom liefern und monatelang, ja selbst Jahrelang (z. B. bei Haustelegraphen) thätig bleiben, ohne eine weitere Pflege zu bedürfen, als zeitweiliges Nachfüllen mit Salmiak und Wasser.

10. Noch zu erwähnen wäre das s. g. Permanenz-Ele-

ment vom Mechaniker Markus in Wien, ein Zink-Kohlen-Element von bisher noch geheim gehaltener Zusammensetzung, das nun allen

übrigen constanten Elementen insofern den Rang abgewinnen zu wollen scheint, als es keiner wie immer gearteten Pflege bedarf, vollständig verschlossen ist, so dass jede Verschmutzung abgehalten bleibt, ja selbst beim Umwerfen nichts verschüttet werden kann, und bei nicht zu starker Inanspruchnahme, wie z. B. bei Hoteltelegraphen 3 — 4 Jahre unverändert wirksam bleiben soll.

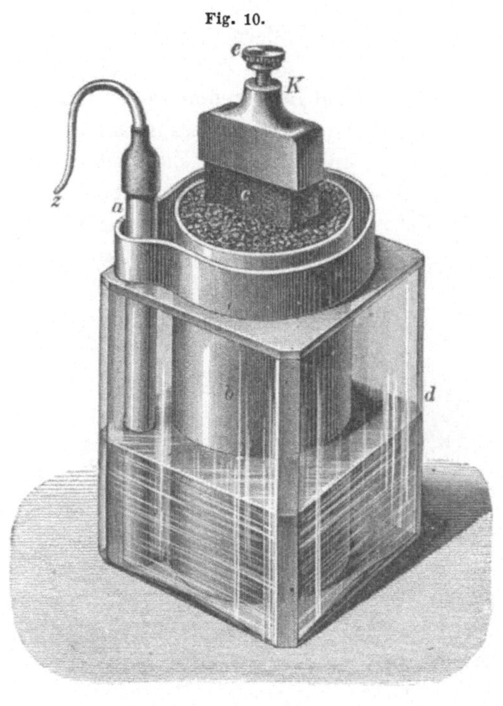

Fig. 10.

11. Der Siemens'sche Cylinder-Induktor, welcher in vielen Fällen auch für den Betrieb von Signalanlagen sich eignet, ja vor der feuchten Batterie unter Umständen sogar den Vorzug verdient, besteht aus einem Eisencylinder, der seitlich mit zwei einander gegenüberstehenden Einschnitten versehen ist, wodurch das Eisen den in Fig. 11 dargestellten Querschnitt $c\,d$ bekommt. Auch oben und unten erhält der Eisencylinder querüber den gleichtiefen Einschnitt, so dass seiner ganzen Länge nach

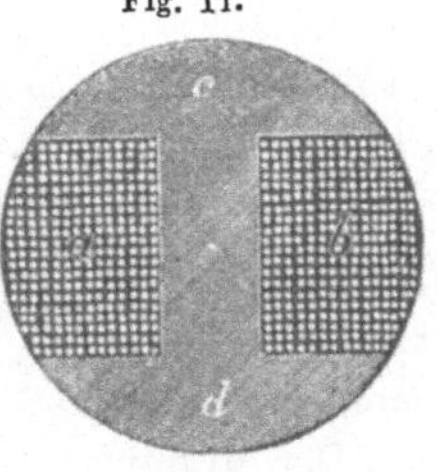

Fig. 11.

ringsum eine Nuth entsteht. Diese Nuth $a\,b$ ist mit einem seidenumsponnenen Kupferdrahte umwunden und damit ganz ausgefüllt

An den Enden sind, wie Fig. 12 im Längenquerschnitte zeigt, Messinghülsen aufgesteckt, welche Zapfen tragen, die Drehaxen bilden. Auf einem dieser Zapfen sitzt überdem ein Getriebe, am andern dagegen ein Metallring x, welcher aber von dem Zapfen selbst durch eine Zwischenlage von Hartgummi isolirt ist. Das eine Ende des Umwindungsdrahtes ist an x, das zweite y an die Axe angeschlossen. Zum Schutze des Umwindungsdrahtes sind die Längsnuthen von dünnem Messingblech, das der Form des Cylinders entsprechend gebogen ist und von den Metallhülsen festgehalten wird, umgeben.

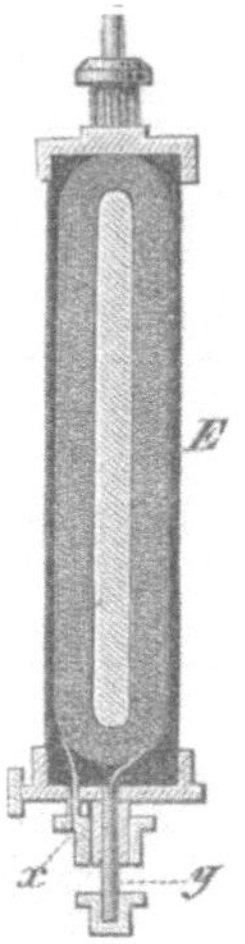

Der auf diese Weise zusammengestellte Cylinder dreht sich (Fig. 13) zwischen den Polen einer An-

Fig. 12.

Fig. 13.

zahl von Magnethufeisen. Die Lamellen dieser Stahlmagnete haben einen kreissegmentförmigen Ausschnitt, damit der Induktorcylinder Platz findet und demselben die Pole recht nahe gerückt seien.

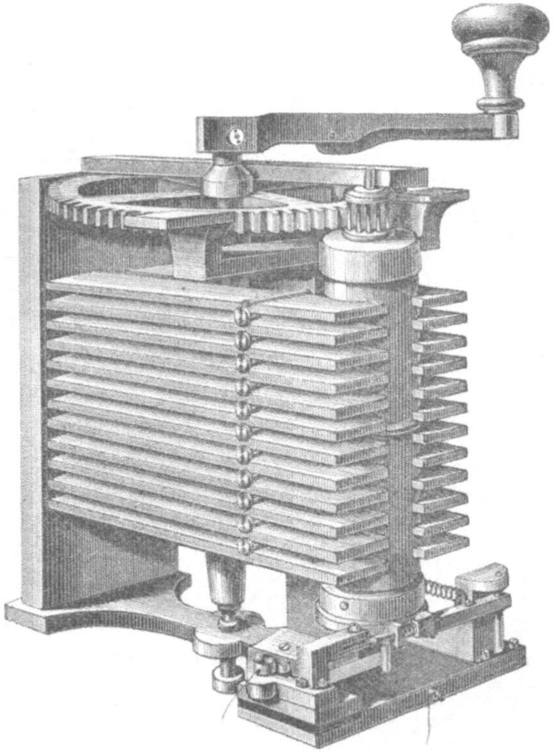

Der für die ganze magnetische Batterie

als gemeinschaftlicher Anker dienende Cylinder ist mit den angebrachten Axen in das Apparatgestell entsprechend eingelagert und
in das Getriebe greift ein Zahnrad ein, auf dessen Axe eine Handkurbel sitzt. Wird diese Kurbel gedreht, so macht der Cylinderanker
rasche Umdrehungen; bei jeder halben Umdrehung ändert er seine
Polarität und erzeugt sich sonach in dem Umwindungsdrahte ein
Inductionsstrom, der durch die Vermittlung zweier Kontaktfedern, bei welchen die Leitung anschliesst und von welchen eine
an der Axe y (Fig. 12), die andere auf dem Metallringe x schleift,
in die Leitung gelangt.

Die auf diese Art gewonnenen Ströme sind Wechselströme,
nämlich aufeinanderfolgend von ungleicher Richtung; sollen sie
gleich gerichtet werden, so wird die Vorrichtung mit den Schleif-
federn als Commutator angeordnet.

c) **Die Zeichengeber (Sender).**

12. Der Zeichengeber hat die Aufgabe, jene Aenderungen
des elektrischen Zustandes im Schliessungskreise, welche nötig
sind, um den Empfänger thätig zu machen, leicht, bequem
und richtig bewerkstelligen zu lassen.

Diese Aenderungen scheiden sich in zwei Hauptgruppen:
Entweder ist in dem Schliessungskreise, während kein Zeichen
gegeben werden soll, Strom vorhanden, oder kein Strom
vorhanden.

Im ersteren Falle wird zur Hervorbringung eines Zeichens
der normal vorhandene Strom (Ruhestrom) unterbrochen, ver-
mehrt, vermindert oder umgekehrt werden müssen, im zweiten
wird dagegen in den Schliessungskreis erst Strom (Arbeitsstrom)
zu bringen sein, sei es solcher überhaupt oder von bestimmter
Richtung, oder von abwechselnder Richtung.

13. Handelt es sich einfach darum, dass der vorhandene
Ruhestrom weggebracht werde, so
braucht der Zeichengeber nur die Linie
zu trennen, wie die in Fig. 14 dargestellte Vorrichtung es zulässt. Auf
trockenes Holz aufgeschraubt sind das
Metallstück r und die Feder q. Bei
r ist der kommende Leitungsdraht d, bei q der weitergehende

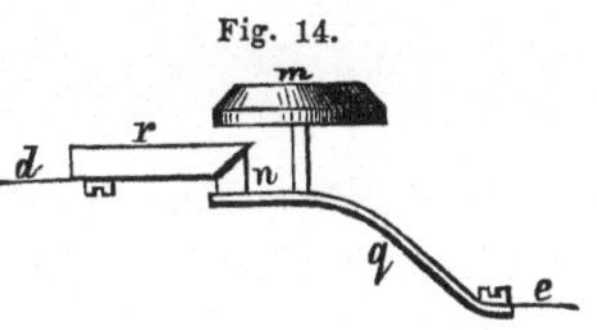

Leitungsdraht *e* mittelst einer Klemmschraube angeschlossen. Der Ruhestrom findet also, da sich *n* und *r* berühren, von *d* über *r, n, q* zu *e* unbehindert seinen Weg. Drückt man aber den durch einen Stiel mit *q* verbundenen Holz-, Elfenbein- oder Hornknopf *m* nieder, so wird zwischen *n* und *r* die metallische Berührung, der Kontakt, gelöst, der Strom hört in Folge dieser Unterbrechung des Schliessungskreises auf, und die zur Hervorrufung des Zeichens gestellte Bedingung ist erfüllt. Soll dagegen der Stromkreis durch den Sender erst hergestellt werden, so würde dieser etwa die in Fig. 15 dargestellte Form haben können, wo bei *a* und *x* die Leitung anschliesst und die Kontakte *b* und *c* vermöge der Federung von *q* sich nicht berühren, sondern erst in Verbindung kommen, wenn der Knopf *m* niedergedrückt wird.

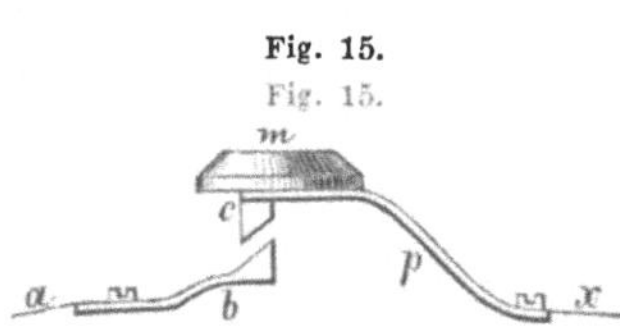

Fig. 15.

14. Eine häufig verwendete Sender-Form zeigt Fig. 16. Auf dem Fussbrette *A* sind das metallene Lagergestelle *D*, in welchem der Metallhebel *b b¹* mit seiner Axe *B* lagert, ferner die mit den Platinkontakten *c* und *a* versehenen Messinglamellen *V* und *N*

Fig. 16.

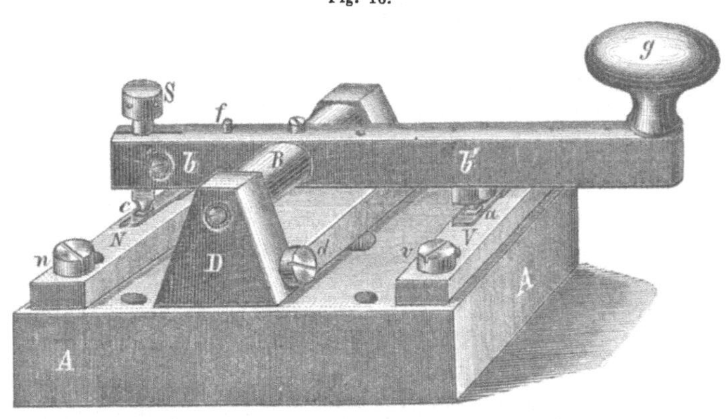

festgeschraubt. Eine im Armende *b* bei *f* und mit dem zweiten Ende im Fussbrette befestigte kräftige Spiralfeder zieht *b* stets nach abwärts, so dass bei der Ruhelage die oben mit einer Kontramutter und unten mit einer Platinspitze versehene Schraube *S* auf *c* gepresst wird. Durch Vermittlung von D, B, b, S, c, N ist also bei der Ruhelage ein metallischer Weg zwischen den Klemmschrauben d und n vorhanden, der jedoch aufhört; sobald man den Knopf g niederdrückt, dagegen kommt dadurch b^1 mit a in Kontakt und es ist nun von d zur Klemme v die leitende Verbindung hergestellt.

Soll dieser Sender für Ruhestrom dienen wie Fig. 14, so wird die Leitung bei d und n anzuschliessen sein; v bleibt leer. Wäre Fig. 15 zu ersetzen, so käme die Leitung zu d und v, während jetzt n leer bliebe.

Das sind jene einfachen Fälle, welche mit Rücksicht auf das Spätere in Betracht zu ziehen waren und wäre etwa nur noch hervorzuheben, dass es selbstredend keiner Schwierigkeit unterliegt, die Thätigmachung des Zeichengebers statt mit der Hand mittelst einer anderweitigen mechanischen Kraft zu vollziehen.

Wenn es sich darum handelt, über die Bewegung, beziehungsweise den zurückgelegten Weg einer Masse elektrische Signale zu erhalten, wird es also geboten sein, dass diese Bewegung unter Einem zweckdienlich das Arbeiten des Senders (automatisch) bewirkt.

d) Die Zeichenempfänger.

15. Während der Geber (Sender) das Zeichen hervorzurufen hat, ist es die Aufgabe des Empfängers, es den Sinnen wahrnehmbar zu machen; während, wie gezeigt wurde, der Geber durch irgend eine äussere Kraft in Thätigkeit versetzt wird, hat am Empfänger die Elektricität selbst eine Leistung zu vollziehen, zum Zwecke einer äusseren Wirkung. Die Eigenschaften der Elektricität, welche solche Wirkungen ermöglichen, sind nachstehende:

a) Beim Trennen und Schliessen der Schliessungskette einer kräftigen Elektricitätsquelle entsteht ein Funke.

b) Theile des menschlichen Körpers in die Schliessungskette gebracht, erleiden Muskelkontraktionen.

c) Viele Stoffe werden durch den elektrischen Strom in einer sinnlich leicht wahrnehmbaren Weise chemisch verändert.

d) Eine Magnetnadel wird, wenn man in der Nähe derselben einen elektrischen Strom vorüberleitet, aus ihrer normalen Lage abgelenkt und zwar um so stärker, je kräftiger der

Strom ist und je öfter er vor der Nadel vorbeigeht. Von der Richtung des Stromes ist auch die Richtung der Nadelablenkung abhängig.

e) Ein Stück weiches Eisen, um welches ein Strom in einer spiralförmig umgewickelten, mit einer isolirenden Hülle umgebenen Drahtleitung (Multiplikation) geleitet wird, wird zum temporären Magnet (Elektromagnet); die Pole des Elektromagneten ändern sich mit der Richtung des magnetisirenden Stromes.

f) Wird. ein Magnetstab mit einer Multiplikation umgeben, über welche ein Strom geht, so kann der Magnetismus des Stabes hierdurch entweder verstärkt oder auch geschwächt, ja bis zum gänzlichen Verschwinden paralysirt, oder endlich umgekehrt werden, je nach der Richtung und Stärke des einwirkenden Stromes.

g) Eine von elektrischem Strome durchflossene Drahtspirale übt auf einen in der Axe der Spirale hängenden Stab eine Anziehung aus; u. s. w.

Von diesen Erscheinungen haben sämmtliche für Telegraphen- oder Signalsysteme Anwendung gefunden; mit Bezug auf das Nachfolgende sind hier aber nur die sub d und e angeführten, nämlich die darauf basirten Instrumente, das Galvanoskop und der Elektromagnet des Näheren zu betrachten.

16. Eine häufig gewählte Form des Galvanoskopes versinnlicht Fig. 17. Bei den Klemmen $K_1\ K_2$ schliesst die

Fig. 17.

Leitung an, gleichzeitig sind hier aber auch die Enden des Multiplikationsdrahtes angeschlossen, so dass ein Strom von K_1 über die auf einen Rahmen B (Fig. 18) aufgewickelten Draht-Windungen zu K_2 gelangt. Zwischen den Windungen schwingt die Magnetnadel C, die mit ihrer Axe c in zwei Ständern D lagert. Auf c sitzt auch ein Zeiger fest, der die Bewegungen der Nadel mitmacht und vor einem in 360 Theile getheiltes Zifferblatt (Fig. 17) spielt. Ein kleiner mittels des Knopfes K drehbarer Magnet k (Fig. 18) ermöglicht die genau Einstellung der Nadel auf o.

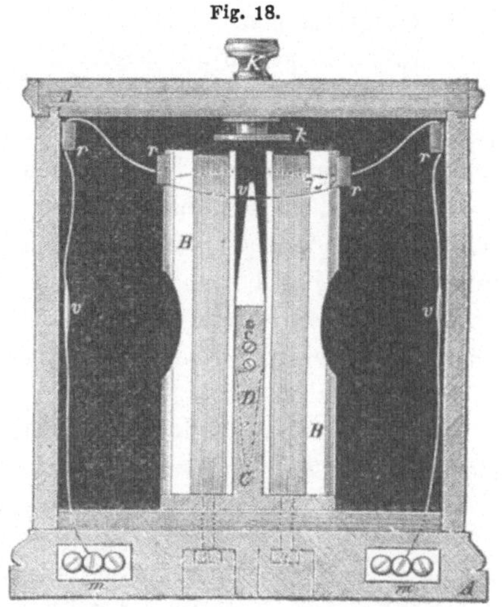

Fig. 18.

Fig. 19.

17. Eine Abart des ebengeschilderten sog. stehenden Galvanoskopes ist das in Fig. 19 dargestellte. Eine ⋀ förmige Magnetnadel hängt an einer horicontalen Axe s in den von zwei Messing-
säulchen getragenen Rahmen $b\,b$. An der Axe s sitzt auch der
nach aufwärts gerichtete Zeiger Z, welcher von einem Gradbogen
G aus Messingblech, der an $b\,b$ befestigt ist, spielt. Die Multiplikation ist gleich um die vorgenannten Säulchen gewickelt und
schliesst ihr eines Ende bei der Klemme K_1, das zweite bei K_2 an.

Mitunter versieht man den Galvanoskopzeiger, um die Auf-
fälligkeit des Zeichens zu erhöhen mit einem farbigen Scheibchen
aus dünnem Blech oder Carton und bringt dann in dem Nadel-
gehäuse ein verglastes Fensterchen an, hinter welchem das Scheibchen je nach der Nadellage sichtbar ist oder nicht, oder ver-
schiedene Farben zeigt.

18. Ebenfalls häufig verwendet wird die sogen. liegende
Boussole (Fig. 20), wo die Magnetnadel z in dem verglasten Messing-

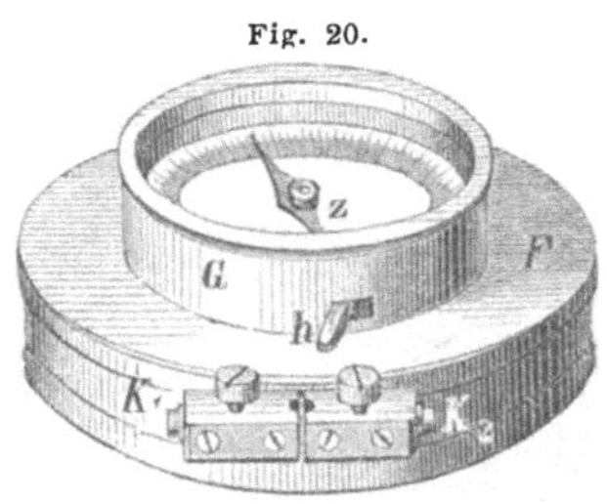

Fig. 20.

gehäuse G auf einer Stahlspitze über
einen horicontalen Theilkreis schwingt
und die Drahtwindungen, deren Enden
bei den Klemmen K_1 und K_2 an-
schliessen, sich unterhalb der Nadel
in einem Ausschnitte des Fussbrettes
F befinden.

Mit jedem Nadelinstrumente
können drei deutliche Zeichen ge-
geben werden und zwar der Ausschlag nach rechts, jener nach
links und das Verharren auf o.

Man hat übrigens Apparate construirt, bei welchen der Ausschlag rechts und links sich nicht nur optisch, sondern auch akustisch
äussert, indem die Nadel an Glocken anschlägt. Auch könnte
man den Nadel-Ausschlag verschiedener Grössen als Signalzeichen
benützen, allein diese Art Ausnützung des Galvanoskopes bietet
geringe Zuverlässigkeit und kommt in der derberen Praxis mit
Recht selten zur Anwendung.

Selbstverständlich ist es für das gute Funktioniren des Nadel-
instrumentes nötig, dass dasselbe nicht in der Nähe von grösseren
Eisenmassen, oder von Elektromagneten oder Magneten aufgestellt
werde.

19. Der **Elektromagnet** besteht aus einem weichen Eisenstabe, um den Drahtwindungen (Multiplikation) spiralförmig gewickelt sind. Der Eisenstab kann auch hufeisenförmig gebogen, oder, wie Fig. 21 zeigt, U-förmig angeordnet, d. h. in zwei Theile a und b geteilt und durch ein rectanguläres, weiches Eisenstück c verbunden sein, in welchen Fällen die isolirten Drahtwindungen über beide Schenkel geführt sind.

Ist Strom in den Drahtwindungen (in Fig. 21 sind dieselben nur in der Draufsicht angedeutet, während in der Ansicht blos die Holzspulen erscheinen, welche auf die Eisenkerne gesteckt werden, um den Draht bequem wickeln und anbringen zu können, dabei aber auch gleich vor Berührungen mit den Eisenkernen zu schützen) so wirkt der Stab, bez. das Hufeisen als Magnet, im andern Falle nicht.

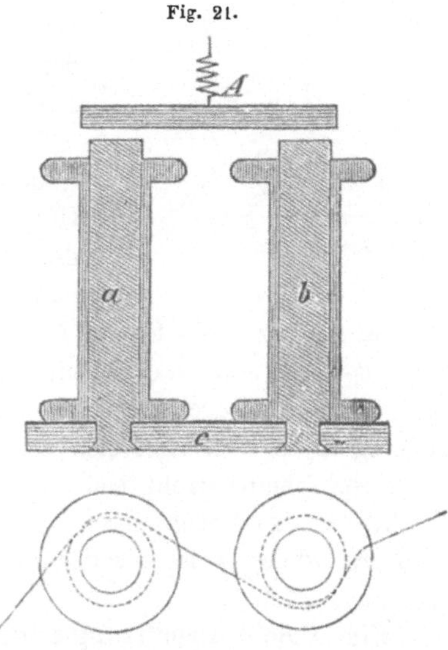

Denkt man sich vor den Polen in angemessener Entfernung einen andern Stab A aus weichem Eisen (**Anker**), den eine Kraft, sei es ein Gegengewicht oder eine Feder u. s. w., in dieser Lage erhält, so wird dieser Stab, wenn Strom in die Drahtwindungen des Elektromagneten gelangt, von diesem beeinflusst, gegen die Elektromagnetpole gezogen werden, vorausgesetzt, dass die Anziehung grösser ist, als die Kraft, welche den Anker in der Ruhelage zu halten sucht. Hört der Strom und also die magnetische Wirkung auf, so kehrt auch der Anker durch den normalen Einfluss der gedachten Gegenkraft in die ursprüngliche Stellung zurück.

Diese hin- und hergehende Bewegung kann nun direkt oder durch Uebertragung in mannigfacher Weise zur Hervorbringung von Zeichen ausgenützt werden.

20. Eine höchst einfache solcher Zeichengebung lässt z. B. die in Fig 22 skizzirte Anordnung zu. Ueber den Elektromagneten M hängt der von der Abreissfeder f gehaltene und an einem bei x drehbaren Arm befestigte Anker A. Mit dem Ankerhebel $A\,x$ ist das Zahnradsegment b steif verbunden, das in ein Trieb r eingreift. Auf der Drehaxe des lezteren sitzt auch eine weiss und roth bemalte Papier- oder dünne Blechscheibe, die mit einem Quadranten hinter einem Fensterchen des, den Apparat umschliessenden Gehäuses sichtbar wird. Ist der Anker abgerissen, bez. kein Strom in der Multiplikation, so sieht man beispielsweise nur weiss im Fensterchen; wird hingegen der Elektromagnet durch einen Strom thätig gemacht und der Anker angezogen, so überträgt sich seine Bewegung durch b auf r und s_0; diese Scheibe dreht sich und kommt nun mit einer rothen Fläche vor das Fensterchen. Das roth erscheinende Fensterchen wird erst wieder weiss bis der Strom aufhört und A in die Ruhelage zurückkehrt.

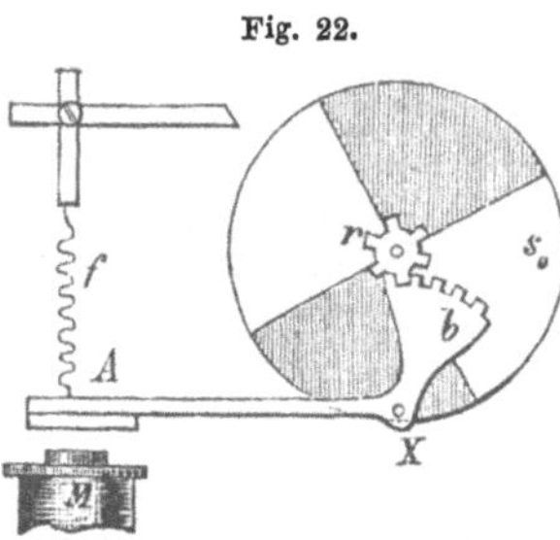
Fig. 22.

Eine andere Ausnützung zeigt Fig. 23. Der vor dem Elektromagneten M an einem zweiarmigen, bei o drehbaren Hebel hängende Anker A wird durch die Spiralfeder f von den Elektromagnetkernen ab- und gegen eine Stellschraube s' gezogen. Mit dem oberen Ende des Ankerhebels ist durch ein Gelenk der Haken h verbunden, welcher in die Zähne eines Rädchens S eingreift. Bei jeder Stromgebung erfolgt eine Anziehung des Ankers und dieser zieht durch h das Rad S um eine Zahnlänge mit sich; hört der Strom wieder auf, so wird die Abreissfeder f wirksam und h greift um einen Zahn vor, da S in der durch die Anziehung des Ankers erhaltenen Stellung vom Sperrkegel k festgehalten bleibt. Mit jeder Stromgebung wird somit das Rad S um einen Zahn weiterrücken und jede solche Verrückung lässt sich leicht

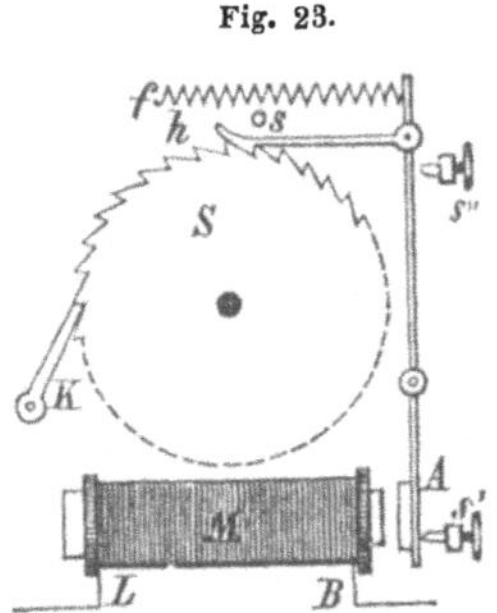
Fig. 23.

ersichtlich machen, wenn z. B. auf der Drehaxe des Rädchens S
ein Zeiger befestigt ist, hinter dem man einen entsprechend beschriebenen Theilkreis anbringt. Natürlich muss der Gang des
Ankerhebels, bez. des Hakens durch Stellstifte oder Stellschrauben
s, s', s'' genau regulirt sein.

Statt des Hakens h könnte wohl auch eine Stahlspitze oder
ein farbiger Stift an dem Ankerhebel befestigt sein, wodurch
sich die Ankerbewegungen, bringt man allenfalls vor dem gedachten Stifte in angemessener Entfernung Papier an, das sich
nach jeder Stromgebung weiterbewegt, graphisch darstellen liessen.

21. Ebenso einfach, oder vielmehr noch einfacher lässt sich
ein akustisches Zeichen erzielen, wenn der Ankerhebel einen
klöppelartigen Fortsatz m (Fig. 24) erhält, dem gegenüber in
richtiger Entfernung eine
Glocke angebracht ist,
auf welche er anschlägt,
sobald der Anker A durch
den Elektromagnet E an-
gezogen wird.

Für den vorliegenden
Zweck wäre schliesslich
nun noch eine Wecker-
gattung zu betrachten,
welche angewendet wird,
wenn man ein auf längere
Zeit andauerndes Läuten
wünscht, ohne dass hier-
für die einzelnen Strom-
gebungen durch den Sen-
der zu erfolgen brauchen.
Diese Aufgabe erfüllt der
sog. Selbstunterbreher
und der Selbstausschalter.

Beim Selbstunter-
brecher Fig. 25 geht das
zweite Ende der Multi-
plikation des Elektromagneten M nicht direkt zur Anschlussklemme E der Leitung c, sondern erst zum Anker e (bei C), der

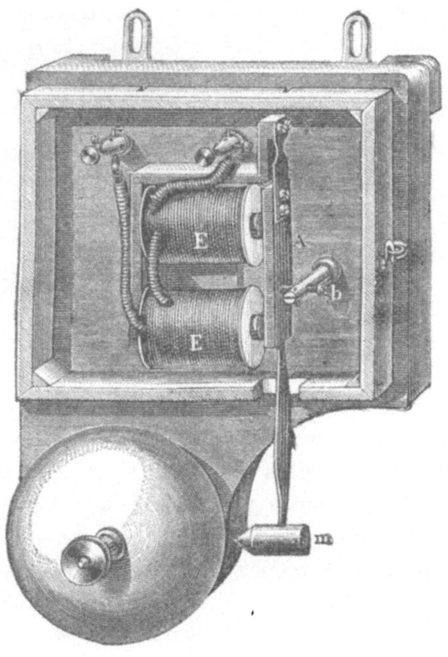

Fig. 24.

durch die Feder *C* gegen die Feder *r* gelehnt wird. Letztere erst
ist mit dem zweiten Anschlusse *c* der Leitung, nämlich über *D*
bei *E* verbunden.

Ein in der Linie vorhandener Strom findet durch den Apparat
seinen Weg von der Linie *b* über *A*, *B* in die Drahtwindungen,
dann zu *C e* über *r D E* in die Linie *c* weiter. Sobald aber *M*

Fig. 25.

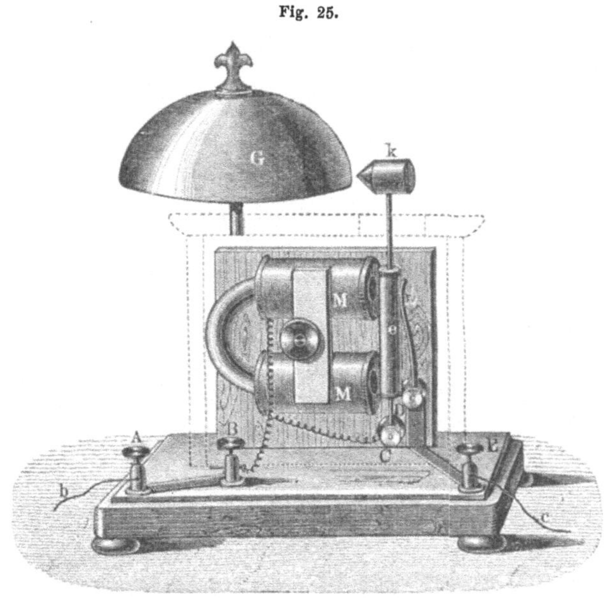

magnetisch wird und der Anker *e* anzieht, hört die Verbindung
zwischen *e* und *r* auf, da *e* ausser dem Anschlusse *C* gut isolirt
ist. Durch diese Unterbrechung hört auch der Strom und also
der Magnetismus von *M* auf; der Anker wird nicht mehr angezogen, sondern fällt in die alte Lage zurück, wodurch sich der
Kontakt *e r* wieder herstellt. Der Strom kann nun in *M* neuerlich wirksam werden, wodurch *e* wieder angezogen und der Kontakt *e r* unterbrochen wird u. s. w. Dieser Wecker läutet mit-
hin, da der Klöppel *k* bei jeder Anziehung des Ankers auf die
Glocke *G* schlägt, so lange, als der Strom an keiner andern Stelle
unterbrochen wird, als in der Klingel selbst. Zu seiner Thätig-

machung bedarf es nur eines Senders, der ein beliebig dauerndes Schliessen des Stromkreises vornehmen lässt.

Beim Selbstausschalter, schematisch dargestellt in Fig. 26, wird durch den angezogenen Anker A durch Berühren der Feder f, wie zu ersehen, dem Strome ein neuer Weg von L_1 über f, A, a zu L_2 gestattet und da der Leitungswiderstand dieses Weges sehr klein, in der Multiplikation aber sehr gross ist, so geht nur ein verschwindend kleiner Stromteil durch M, so dass die Magnetisirung nicht mehr hinreicht die Kraft der Abreissfeder e zu überwinden, sondern A wieder durch die Abreissfeder c von f abgehoben

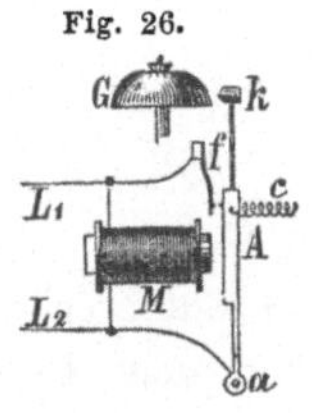

wird. Jetzt muss der ganze Strom, da die Nebenschliessung f A aufhörte, von L über M zu L_2, wodurch der Elektromagnet wieder kräftig genug wird um A anzuziehen, wobei wieder die Nebenschliessung f A entsteht, M seine Kraft neuerlich verliert und der Anker durch c abgerissen wird u. s. w. Also auch der Selbstausschalter läutet so lange, als der Schliessungskreis anderweitig geschlossen bleibt.

22. Der Elektromagnet lässt sich übrigens nicht nur, wie die bisherigen Beispiele zeigten, direkt zur Zeichengebung ausnützen, sondern auch indirekt, indem die Ankerbewegungen verwendet werden, eine zweite Kraft thätig zu machen, beispielsweise ein Uhrwerk mit Gewichts- oder Federbetrieb. In diesen Fällen lassen sich auch wesentlich höhere Leistungen erzielen, da die eigentliche Zeichengebung dem Uhrwerke überlassen bleibt, während der elektrische Teil nur die Aufgabe hat, das Uhrwerk aus- oder einzulösen, bez. den Windflügel (Arretirungs-)Arm des Uhrwerkes zu hemmen oder loszulassen.

Zur Erreichung bestimmter Zwecke kann es noch dienlich sein, als Elektromagnet-Anker einen Magnetstab zu benützen (vergl. Fig. 42), in welchem Falle für die Ankerbewegungen nicht nur das Magnetischwerden des Elektromagneten schlechtweg, sondern auch die Richtung des magnetisirenden Stromes massgebend sein wird, weil eine Anziehung nur erfolgt, wenn der Elektromagnet dem Anker gegenüber die ungleichnamigen Pole erhält, während im umgekehrten Falle eine Abstossung stattfindet.

III.

Einrichtung elektrischer Wasserstands-Anzeiger.

23. Eine blos zum Signalisiren des Maximal-Wasserstandes dienende, von Lartigue construirte Vorrichtung zeigt Fig. 27. In entsprechender Entfernung vom Wasserreservoire, respective von dem Ueberfallsrohre R des Reservoirs ist die gusseiserne Platte P an irgend einem Ständer oder Träger befestigt. Der an dieser Platte festgeschraubte Bügel B trägt den wagebalken-

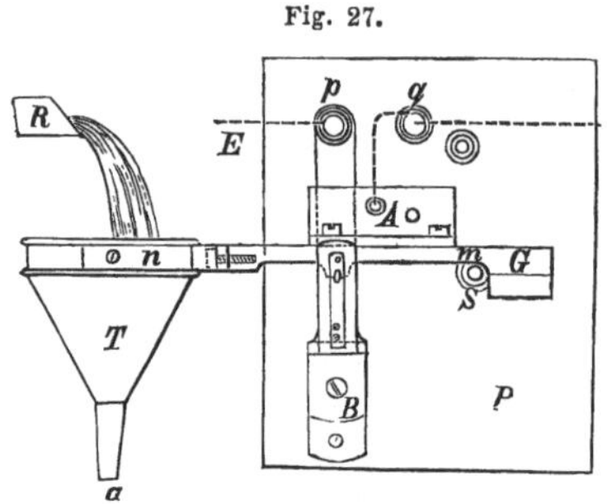

Fig. 27.

artig um o drehbaren Hebel $m\,n$, welcher vermöge des bei m angebrachten Uebergewichtes G in der Regel auf den Anschlagstift s aufliegt. Das andere Ende n spaltet sich in zwei Aeste, zwischen welche der kupferne Trichter T hängt. Auf dem Hebel $m\,n$ ist auch noch ein prismatisches Gefäss A aus Hartgummi befestigt, in welches zwei Platindrähte eingeführt sind, wovon der eine nahe am Gefässboden befindliche, ausserhalb der Gefässwand mit dem Metallkörper des Hebels, dem Hebellager und der Platte P und endlich durch Vermittlung der Anschlussschraube p mit der Erdleitung (oder Rückleitung) E in leitender Verbindung steht, während die zweite, höher angebrachte Platinspitze durch eine Drahtspirale mit der von der Platte P gut isolirten Anschlussschraube q und der an gleicher Stelle angeschlossenen, zur Kontrolstelle weitergeführten Telegraphenleitung verbunden ist.

An der Beobachtungsstelle befindet sich ein Wecker (Selbstunterbrecher, vgl. Fig. 25), dessen Spulenenden einerseits mit der Erdleitung (Rückleitung), andererseits mit dem Pole einer Batterie in Verbindung gebracht sind, während bei dem zweiten Batteriepol die vom Reservoir kommende Leitung anschliesst. Die

Batterie wird also einen geschlossenen Stromweg finden und den
Wecker thätig machen können, sobald die zwei in das Gefäss A
(Fig. 27) eingeführten Platindrähte in leitende Verbindung gelangen, aber nicht wirksam werden können, solange diese zwei
Drähte von einander isolirt bleiben. Das Oeffnen und Schliessen
des Stromweges an der bezeichneten Stelle wird nun in nach-
stehender Weise bewerkstelligt:

Im Gefässe A befindet sich Quecksilber, jedoch — bei Ruhelage des Hebels, wie es die Zeichnung darstellt — nicht so hoch,
dass davon der obere Platindraht, d. i. der Linienkontakt berührt würde.

Erreicht aber im Reservoir das Wasser den höchsten Stand,
so fliesst es durch das Ueberfallsrohr R ab und in den gerade
darunter befindlichen Trichter T, füllt diesen sehr bald, weil R
einen grösseren Querschnitt hat, als die Ausflussöffnung a des
Trichters, und kippt vermöge des Uebergewichtes, welches hierdurch der Hebel $m\,n$ bei n erhält, denselben nieder. Das Quecksilber hat nun im geneigten Gefässe A eine andere Lage und
berührt nicht nur, wie ursprünglich die untere Platinspitze (den
Erdkontakt), sondern auch die obere. Der Batteriestrom kann
nunmehr wirksam werden und der Wecker läutet, solange $m\,n$
in der geneigten Lage verharrt, also so lange, bis bei R kein
Wasser mehr überfliesst, der Trichter T entleert ist, und der
Hebel $m\,n$ vermöge des Uebergewichtes G wieder seine Ruhelage
einnimmt.

24, Ein sehr einfacher Apparat, welcher gleichfalls nur den
höchsten Wasserstand anzuzeigen hat, ist in mehreren Wasserstationen der Kaiser-Franz-Joseph-Bahn nach Angabe des
Telegraphenkontroleurs R. Bauer ausgeführt.

Die mittelst der Klemmschraube s (Fig. 28, $^1/_{10}$ der natürlichen Grösse) an dem Rande K des Reservoirs R befestigte Eisenstange G hat zwei Seitenarme P und P^1, welche entsprechend
weit ausgebohrt sind, um die den blechernen Schwimmer S tra-
gende Eisenstange Z durchzulassen. An G ist mittelst Schrauben
eine Feder F, dann auch noch der Messingbügel C befestigt;
letzterer jedoch nur durch Vermittlung isolirender Zwischenlagen,
so dass zwischen G (beziehungsweise P oder F) und C eine leitende Verbindung nicht besteht.

Bei C ist die Leitung L angeschlossen, welche zum Beobachtungsorte (zum Pumpenlokale) führt, und dort an den Wecker W (Selbstunterbrecher Fig. 25) anschliesst, dann weiter zur Batterie B und endlich zur Erde E geht.

Erreicht der Wasserstand im Reservoir seine Maximalhöhe, so ist der Schwimmer so weit nach aufwärts gegangen, dass der Stiel Z die Feder F hebt und mit C in Berührung bringt. Da nun F mit dem Ständer G, dem eisernen Reservoir und den guseisernen Zu- und Abflussröhren also auch mit der Erde in Verbindung steht, so wird der Stromkreis durch die vorbenannte Berührung hergestellt sein und der Wecker W am Beobachtungsorte so lange läuten, bis das Wasser wieder fällt, der Schwimmer niedergeht und sich F von C wieder abhebt. Damit der Schwimmer sammt Stiel keinen überflüssigen Weg zu machen braucht, wird an Z der Stellring D an entsprechender Stelle festgeschraubt. In einigen Stationen ist die Linie von C aus noch weiter geführt

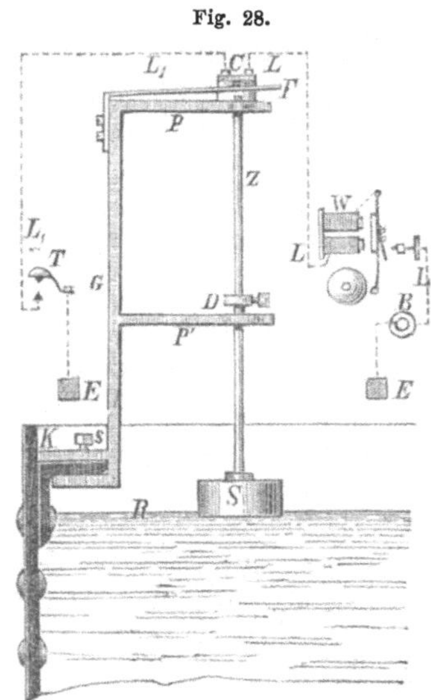

in das Bureau des Stationsbeamten und dort an die eine Klemme eines Arbeitstromtasters (vgl. Fig. 15 oder 16) T angeschlossen, dessen zweite Klemme mit der Erdleitung E in Verbindung steht. Durch das Niederdrücken dieses Tasters wird, wie man sieht, der Stromkreis ebenfalls geschlossen und der Wecker W des Pumpenwärters zum Läuten gebracht.

Es hat diese Einrichtung den Zweck, dem Beamten die Möglichkeit zu bieten, das Pumpen mittels eines bestimmten Weckersignals, z. B. eines dreimaligen Läutens für den Fall zu verlangen, als etwa nach den eingelaufenen Verkehrsnachrichten voraussichtlich ein grösserer Wasserbedarf zu gewärtigen steht.

25. Für viele österreichische und ungarische Bahnen hat Leopolder in Wien Wasserstandszeiger geliefert, welche Maxi-

mum und Minimum des Wasserstandes angeben. Ein Schwimmer
T, Fig. 29 ($^3/_{16}$ der natürlichen Grösse), aus Messingblech läuft
mit vier seitlichen
Oesen $p\ p^1$ längs
den Führungsstan-
gen aa, bb und hängt
an einer Messing-
kette K, die über
die Rolle R gelegt
ist und am zweiten
Ende das Gewicht
Q trägt. Die Platte
D aus Gusseisen,
auf welcher nebst
dem Lagergestelle
der Rolle R auch
die im Gehäuse G un-
tergebrachte Kon-
taktvorrichtung an-
gebracht ist, wird
mittels Schrauben
$S\ S$ an der oberen,
hier nach einwärts
gebogen gedachten
Kante des Reser-
voirs festgeklemmt.

Die Kontakt-
vorrichtung besteht
aus einem zwei-
armigen, bei o dreh-
baren Hebel $M N$
(Fig. 29 und 30),
der durch den Druck
der zwei Federn f
und f^1 für gewöhn-
lich in horizontaler
Lage gehalten wird.
Beide Hebelenden

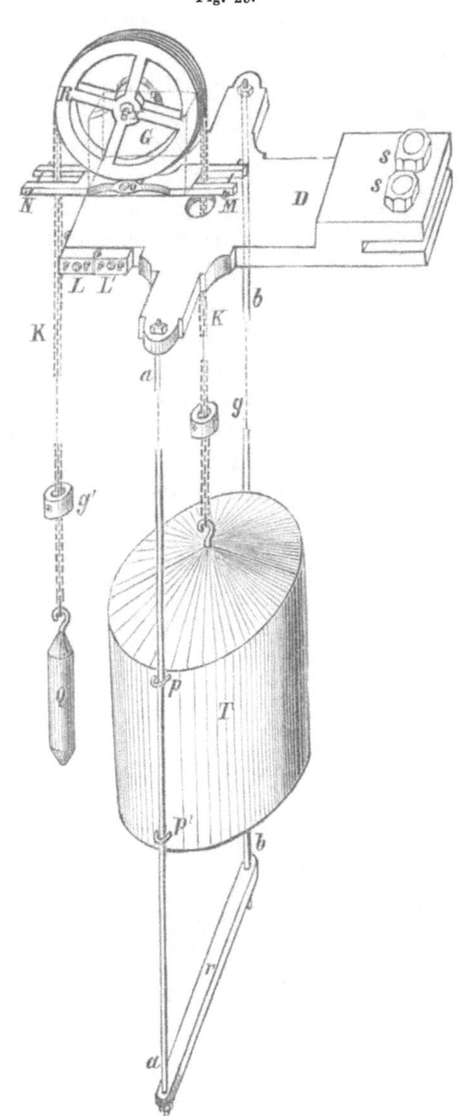

Fig. 29.

sind gabelförmig gespalten und genau zwischen den Gabelzinken läuft die Kette K. An K sind zwei cylindrische, ihrer Längen-axe nach durchbohrte Gewichte g und g^1 (Fig. 29) aufgefädelt und mittelst je einer seitlichen Klemmschraube an geeigneter Stelle festgemacht.

Der Schwimmer wird mit dem Wasser steigen und sinken; ersteren Falls gelangt der Cylinder g, wenn der Schwimmer, be-ziehungsweise der Wasserspiegel den angenommenen höchsten Stand nahezu erreicht hat, unter die Gabel des Armes M und hebt diesen, da g breiter ist, als die Gabelöffnung, in die Höhe, so dass die auf $M\,N$ sitzende, durch den Metallkörper der Vor-richtung leitend zur Erde angeschlossene Kontaktnase C, die mit der Telegraphenleitung L verbundene, sonst aber sorglichst isolirte Kontaktfeder F berührt.

Im Lokale des Maschinenwärters, beziehungsweise an der Beobachtungsstelle ist nun wieder ein Wecker (Selbstunterbrecher) mit einer Batterie in die Leitung wie früher eingeschaltet, und dieser Wecker wird läuten, solange die Berührung zwischen C und F vorhanden ist; er hört hingegen auf, wenn das Wasser soweit fällt, dass der in glei-chem Maasse niedergehen-de Cylinder g den Hebel nicht hoch ge-nug hebt und C infolge des Druckes der Federn f und f^1 den Kon-takt bei F wieder ver-lassen hat.

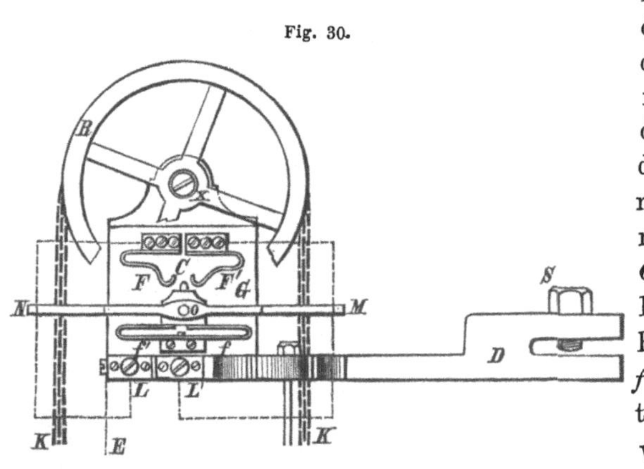

Fig. 30.

Sinkt der Wasserspiegel bis zur angenommenen tiefsten Stelle, so hebt der Cylinder g^1 den Arm N, und C legt sich auf F^1.

Je nachdem man für die Meldung des höchsten und niedrigsten

Standes nur einen Wecker, oder für jedes dieser Signale getrennte, ungleich tönende Wecker benützen will, wird nun eine, oder werden zwei Leitungen (ungerechnet die Erd- oder Rückleitung) nötig sein. In ersterem Falle sind beide Kontaktfedern mit der gemeinschaftlichen Leitung verbunden, im andern Falle ist eine der Leitungen zu F, die zweite zu F^1 zugeführt und sind natürlich auch an der Beobachtungsstelle in die beiden Leitungen getrennte Wecker eingeschaltet, während die Batterie immerhin, mit einem Pol zur Erde angeschlossen, gemeinschaftlich dienen kann.

Sollten bei einer solchen Anlage ungleiche Signale für Maximum und Minimum erforderlich sein, während die Herstellung einer zweiten Leitung aber mit besonderen Schwierigkeiten oder Kosten verbunden wäre, so liesse sich das Problem, ähnlich wie dies bei einer nachfolgend beschriebenen Einrichtung (s. Punkt 27) geschieht, lösen, indem man die einfache Leitung L (Fig. 31) zunächst der Kontaktvorrichtung in zwei Aeste theilt, wovon jeder zu einem Selbstunterbrecher geführt ist. Das zweite Spulenende des einen Selbstunterbrechers W_2, etwa eines langsam arbeitenden mit langem Klöppel, würde dann bei F, das

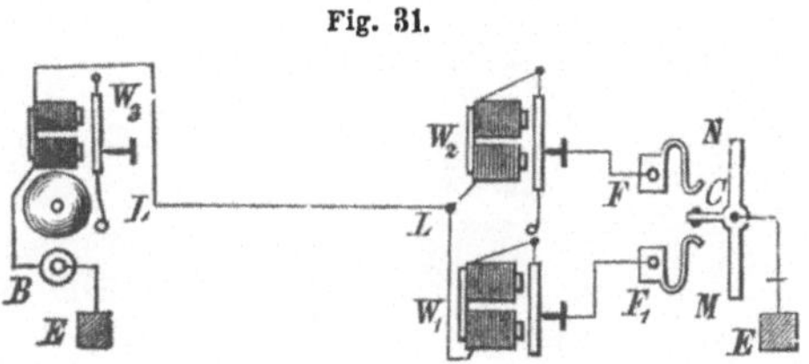

des zweiten, allenfalls eines rasch arbeitenden sog. Rasselwerkes W_1 (mit kurzem Klöppel) würden bei F_1 anzuschliessen sein. Am Beobachtungsorte braucht man dann nur einen gewöhnlichen Wecker W_3 (vergl. Fig. 24) und die Batterie B. Der Kontakt zwischen C und F schliesst den Strom über den langsam arbeitenden Selbstunterbrecher und der an der Beobachtungsstelle befindliche, sich mit dem Selbstunterbrecher übereinstimmend bewegende Wecker W_3 signalisirt also den höchsten Wasserstand durch langsame Schläge; kommt C mit F_1 in Berührung, so ist der Rassler W_1 im Stromkreise und der Signalwecker W_3 meldet jetzt durch ein rasches Geklingel den niedrigsten Wasserstand.

26. Eine Einrichtung zum Signalisiren des höchsten und tiefsten Wasserstandes, überdem auch von Zwischen-Wasserständen

— 32 —

hat Inspector Hattemer construirt und auf den Wasserstationen
der Berlin-Görlitzer Eisenbahn in praktischer Verwendung.

An der Beobachtungsstelle befindet sich wieder ein Wecker
(Selbstunterbrecher) und eine Batterie die untereinander ver-
bunden, einerseits zur Erd- oder Rückleitung, andererseits zur
Linie angeschlossen sind.

Die Kontaktvorrichtung besteht aus einem gusseisernen Gestelle G (Fig. 32), welches an richtiger Stelle über dem Reservoir
entsprechend befestigt wird und die sämmtlichen Teile dieses
Apparates trägt. Auf dem einen Ende der Schartenkette K hängt
der diesmal in der Zeichnung weggelassene Schwimmer, auf dem
andern Ende ein Gegengewicht. Die Bewegungen des Schwimmers übertragen sich durch K auf ein Kettenrad R, welches von der Entleerung bis
zum Füllen des Reservoirs und umgekehrt 6—7 Umdrehungen macht.
Das auf der Axe I des Kettenrades sitzende Getriebe T überträgt die Bewegung weiter auf
das Zahnrad R_1 und zwar zufolge des gewählten Radienverhältnisses derart,
dass sich letzteres bei jedem vollen Weg des Schwimmers nicht ganz
einmal herumdreht. Steht der Schwimmer auf seinem tiefsten
Punkt, so stösst der auf der Axe II festgekeilte Anschlaghebel h
gegen den fixen Zapfen z, welcher an dem Gestelle befestigt ist
und von rückwärts her in die Laufbahn von h hineinragt. Die
Anlauffedern f, f verhindern das zu plötzliche Aufhalten. Hat

Fig. 32.

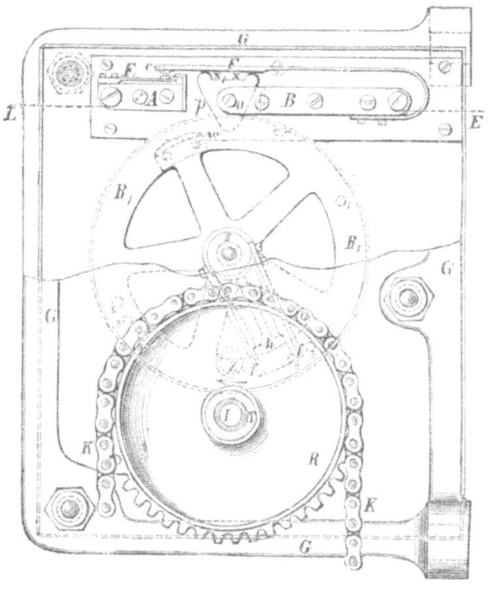

sich h völlig dem Zapfen z genähert, so ist gleichzeitig auch das am Zahnrade festgeschraubte Winkelstück w unter das herzförmige, um o drehbare Stahlplättchen p geschoben worden und hat dieses von links nach rechts zur Seite gedrückt. Es erhellt aus der Zeichnung, dass, sobald p irgendwie aus der dargestellten Ruhelage kommt, die darüber liegende Feder F gleichfalls aus ihrer Lage gebracht und von dem daumenförmigen Ansatze x oder x_1, je nachdem die Verschiebung des Plättchen p nach links oder rechts geschieht, gehoben wird. Die Feder F ist aber mit der Erd- oder Rückleitung E verbunden und liegt bei normaler Stellung des Plättchens p bei c auf F_1 auf, welche Feder ihrerseits wieder mit der zur Beobachtungsstelle führenden Leitung L in Verbindung steht. Selbstverständlich sind die zwei Anschlussklemmen A und B von einander sonst sorglich isolirt und der Stromübergang kann nur bei c stattfinden. Nachdem dieser Kontakt bei der Ruhelage der Vorrichtung dauernd vorhanden ist, wird also die Linie bei dieser Einrichtung auf Ruhestrom geschaltet sein müssen, während die bisher aufgeführten Beispiele (Punkt 23 bis 25) auf Arbeitstrom eingerichtet waren und der zur Zeichengebung benützte Wecker muss nun mit drei Anschlüssen versehen sein. Die Schaltung der Drähte für diesen Wecker stellt Fig. 33 dar. T deutet die Kontaktvorrichtung beim Reservoir, B die an der Beobachtungsstelle be-

findliche Batterie an. Die Platte U ist durch die metallische Gestellswand des Apparates mit dem Anker A des Weckers in leitender Verbindung. Solange T die Linie geschlossen hält, geht der Strom von

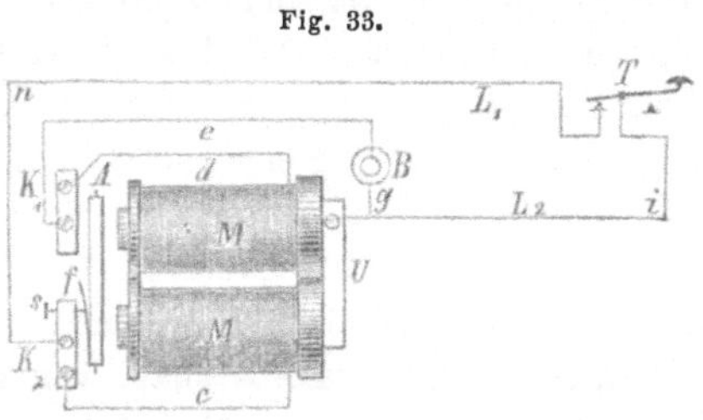

Fig. 33.

B über $g\ L_2\ i\ T\ L_1\ n\ K_2\ c\ M\ d\ K_1\ e$; der Anker bleibt angezogen. Wird mit T die Linie unterbrochen, so reisst A ab und nun findet der Strom von B über $g\ U\ A\ f\ K_2\ s\ c\ M\ d$ K_1 und e seinen Weg und der Wecker arbeitet als Selbstunterbrecher.

Sobald also der Schwimmer den tiefsten Punkt erreicht, hat h (Fig. 32) an z gestossen und p durch w zur Seite geschoben, wodurch die Feder F gehoben und der Stromschluss bei c unterbrochen worden ist und in dem Beobachtungsraume läutet der Wecker. Steigt das Wasser wieder, so dreht sich R_1 nach der entgegengesetzten Richtung bis h (nach Erreichung des höchsten Wasserstandes) von der andern Seite an z stösst, wobei neuerdings w u. z. von rechts her unter p tritt, die Feder F gehoben und der Wecker in Thätigkeit versetzt wird.

Jndem nun ausser dem Winkelstücke w auch noch in den übrigen drei Quadranten R_1 seitlich hervorragende Stifte eingesetzt sind, welche beim Passiren des Herzstückes p dieses zur Seite knaggen, und zwar im ersten Viertel 1, im zweiten 2 und im dritten 3 (in der Figur mit 1, 2—2, 3—3—3 bezeichnet), so kennzeichnet sich in dem Beobachtungsraume auch die Viertel-, Halbe- und Dreiviertel-Reservoirfüllung, bez. Entleerung durch 1, 2, 3, bez. 3, 2, 1 kurze Weckersignale.

27. Bei der galizischen Karl-Ludwig-Bahn, dann der Kaiser-Ferdinand-Nordbahn und auch auf anderen österreichisch-ungarischen und deutschen Bahnen benützt man einen vom Inspector Kobliček construirten elektrischen Wasserstands-Anzeiger, der Maximum und Minimum optisch und akkustisch, ausserdem auch die jeweilige Wasserhöhe optisch signalisirt. Diese Vorrichtung besteht beim Reservoir aus einer Rollenscheibe R (Fig. 34), deren Umfang gleich dem Abstande zwischen dem höchsten und niedersten Wasser-Niveau ist. R hat zwei Nuten; in der einen liegt das Drahtseil an dem der Schwimmer S hängt, in der andern das, an welchem ein Gegengewicht G hängt. Mit einem Ende sind die beiden Seile an R festgemacht, so dass nur eine einzige Abwickelung, bez. Aufwickelung stattfinden, die Rollenscheibe R sich also nur einmal völlig umdrehen kann.

Auf der Rollenaxe x sitzt, von derselben durch eine Hartgummihülse isolirt, eine Metallhülse m, von welcher ein Arm a abgeht, der an seinem Ende eine platinirte Gleitrolle r trägt. In einer Hartgummiplatte sind die ringförmig nebeneinander angeordneten Neusilberlamellen l_1 ... bis l_{11} eingelassen, über welche der Arm a bei der Drehung der Rollenscheibe R läuft und mit welche er durch die Kontakt-Rolle r successive in metallische Verbindung kömmt. Von l_2 angefangen der Reihe nach bis l_{10} sind immer zwischen je zwei Lamellen, wie bei einem Rheostaten, Wider-

standsrollen aus sehr dünnem, übersponnenen Neusilberdrahte eingeschaltet.

Weiter ist l_{10} durch einen Draht bei k zur Erdleitung angeschlossen; l_{11} jedoch steht durch einen Draht mit dem Wecker
W_1, und l_1 desgleichen mit dem Wecker W_2 in Verbindung.
W_1 ist ein Selbstunterbrecher mit kurzem, W_2 mit langem

Fig. 34.

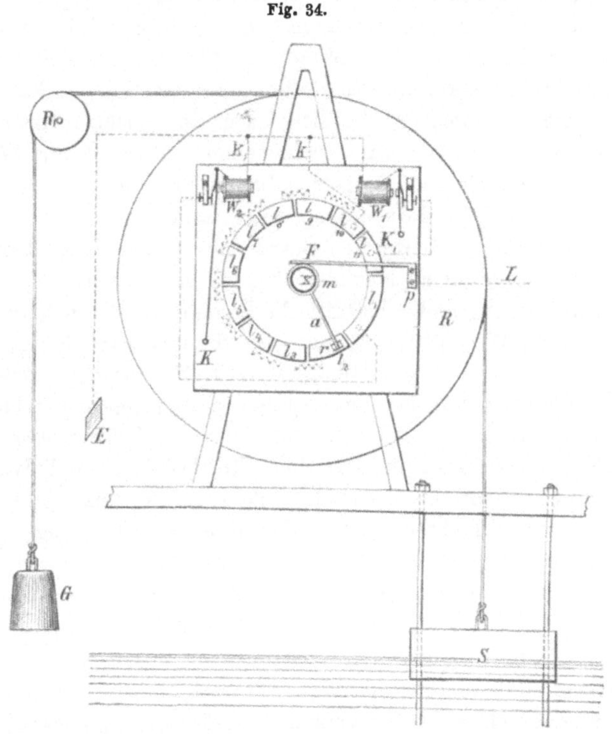

Klöppel, ersterer wird sonach rasch, letzterer langsam arbeiten.
Die zweiten Spulenenden beider Wecker sind, wie aus der Figur
ersichtlich, zur Erde geführt.

Die vom Pumpenlokale (Beobachtungsraume) kommende
Leitung L schliesst zur Klemme p an, von wo eine Kontaktfeder
F, welche sich an die Hülse m presst, den Stromweg zum Arm
a und zur Kontaktrolle r fortsetzt. Im Beobachtungsraume sind

3*

wieder die Batterie, dann ein gewöhnlicher Wecker (Fig. 24) und ein Galvanoskop (Fig. 20) aufgestellt und hintereinander in die Linie geschaltet.

Ist der Schwimmer auf seinem tiefsten Punkte, so berührt die Rolle r die Neusilberplatte l_{11} und der Strom findet seinen Weg von p über F, a, r, l_{11}, W_1 zur Erde. W_1 ist also in den Strom gebracht und veranlasst den Wecker an der Beobachtungsstelle zu einem raschen Geklingel, gleichzeitig wird die Nadel des Galvanoskopes fibriren. Steigt das Wasser, so kommt r auf l_{10}, die Wecker hören auf zu läuten und das Galvanoskop zeigt einen ruhigen Ausschlag, der sich jedoch in gleichem Masse verkleinert, als die Rolle r auf den Lamellen weitergeht und Widerstandsrollen einschaltet, d. i. den Strom vermindert. Das entsprechend graduirte Galvanoskop zeigt sonach an, auf welcher Lamelle r steht, bez. welchen Stand das Wasser hat. Erreicht der Wasserspiegel seine Maximalhöhe, so hat sich R völlig einmal herumgedreht und r berührt die Lamelle l_1. Nun findet der Strom seinen Weg über W_2 und der Signalwecker läutet jetzt wieder, allein in Uebereinstimmung mit W_2, dessen pendelförmiger Anker sich nur langsam bewegt, in abgemessenen Schlägen. Desgleichen macht die Galvanoskopnadel weite Schwingungen.

28. Dr. G. Hasler in Bern hat für das Gas- und Wasserwerk dieser Stadt nachstehenden elektrischen Anzeiger[1]) construirt: Vom Schwimmer, bez. der Kontaktvorrichtung führen zwei getrennte Drahtleitungen zur Beobachtungsstelle, wo sie durch die zwei Elektromagnetspulen des Zeichenempfangs-Apparates und dann vereinigt zu einer Batterie gehen, deren zweiter Pol mit der Erdleitung verbunden ist. (Vgl. Fig. 39.)

Die Kontaktvorrichtung (Fig. 35) besteht aus einer Kettenrolle R, auf welche der Schwimmer S wirkt; eine kleinere, jedoch auf derselben Axe H festsitzende Trommel dient dem Auf- und Abwickeln des Drahtseiles, auf welchem das Gegengewicht G hängt. Auf der benannten Axe H ist auch noch die Scheibe S festgekeilt, von welcher die 10 Stifte s, s . . . . . seitlich hervorstehen.

An jedem Apparatgestelle, das in der Figur weggelassen ist,

---

1) Vergl. Dingler's polyt. Journal 226. Bd. S. 280 oder Journal télégraphique 1879 Bd. 4, S. 444.

sind zwei Platten $P\,P_1$ angeschraubt, aus welchen die Drehzapfen a und a_1 hervorragen. Um a lose drehbar ist der Arm A, welcher mittels einer Seidenschnur V einen hohlen Messingcylinder, der in dem etwas weiteren eisernen Cylinder Q hängt. In der Ruhelage liegt A auf der verstellbaren Schraube W. Gleichfalls auf dem Zapfen a drehbar ist der Winkelhebel $M\,N$, welcher mit einer

Fig. 35.

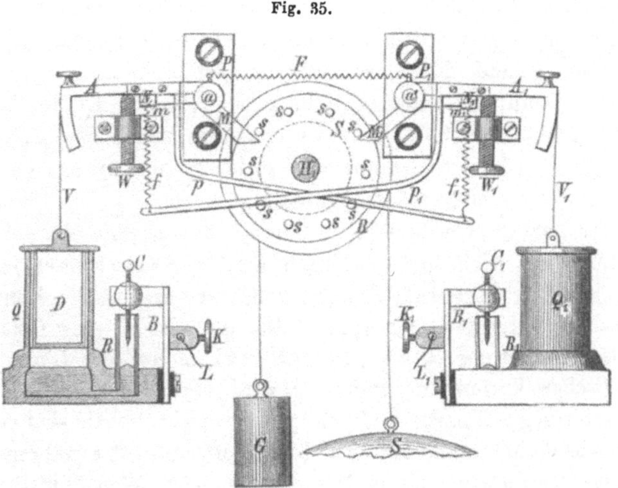

hei N vorstehenden Nase m unter den Arm A greift. Ganz gleich ist die Anordnung auf der andern Apparatseite, wo sich die Hebel A_1 und $M_1\,N$ auf den Zapfen a_1 drehen können. Eine Spiralfeder F, welche die beiden Winkelhebel $M\,N$ und $M_1\,N_1$ verbindet, drückt dieselben mit der Nase m und m_1 gegen A und A_1. Von A und A_1 gehen ferner die Arme p und p_1 aus, von welchen der erstere durch die Spiralfeder f_1 mit m_1, der letztere durch f mit m verbunden ist. Schliesslich bleibt noch anzuführen, dass der Eisencylinder Q in seinem unteren Teile ein communicirendes Gefäss darstellt, in dessen engerem Rohr die Glasröhre R eingekittet ist. In dem Gefässe Q befindet sich bis zu einer bestimmten Höhe Quecksilber. Der von Q gut isolirte Metallbügel B trägt eine Schraube C mit Platinspitze und die Zuführungsklemme K, bei der die Leitung L anschliesst. Auf der andern Seite des

Apparates besteht wieder die gleiche Anordnung und schliesst bei K_1 die zweite Signalleitung L_1 an.

Geht nun beispielsweise der Schwimmer nach aufwärts, so erfasst der M_1 zunächst befindliche Stift s dieses Hebelende und drückt es zur Seite, so dass N_1 nach abwärts geht, sobald der Stift jedoch vorüber ist, schnellt der Hebel M_1 N_1 durch den Zug der Feder F wieder in die Ruhelage zurück. Der Stift aber, welcher vor M stand, wird beim Passiren das Hebelende M niederdrücken, so dass N aufwärts geht, wobei durch die Nase m auch der Arm A und durch Vermittlung der Seidenschnur V der Cylinder D auf eine gewisse Höhe gehoben wird. Ist der Stift s an M vorüber, so fällt $M N$ vermöge des Zuges der Feder F, dann A vermöge des Zuges der Feder f_1 und D durch sein Eigengewicht wieder in die Normallage zurück.

Der letztere Umstand bringt im Gefässe Q eine Verdichtung der Luft mit sich und hierdurch wird das Quecksilber in der Glasröhre R so hoch zum Steigen gebracht, dass es die Kontaktspitze der Schraube C berührt. Da nun das eiserne Gefäss Q mit der Erdleitung, C aber über B und K mit der Linie L in metallischer Verbindung steht, so wird in dieser Linie jedesmal die Batterie geschlossen und wirksam gemacht, sobald das vorgeschilderte Vorkommniss eintritt, d. h. so oft ein Stift s während des Steigens des Schwimmers an M vorüber kommt. Weil D in Q nicht luftdicht schliesst, so entweicht die zusammengepresste Luft sehr bald, das Quecksilber nimmt wieder sein früheres Niveau an und die Linie L ist dann wie früher unterbrochen, da C das Quecksilber nicht mehr berühren kann. Die Linie L_1 kommt dabei in keiner Weise in Gebrauch, indem ja der Hebel M_1 N_1 beim Abwärtsgehen leer läuft. Dagegen werden die Stromschlüsse ganz nach obiger Weise auf der andern Apparatseite d. h. in der Linie L_1 erfolgen, wenn der Schwimmer sinkt und die Stifte s nunmehr den Arm A_1 heben. Nachdem die Entfernung eines Stiftes s vom nächsten s einem bestimmten Theil der Wasserhöhe entspricht, so wird also die Kontaktvorrichtung beim Steigen des Wassers für jedes solche Stück einen Strom in die Linie L, beim Fallen˙ des Wassers in die Linie L_1 entsenden und es handelt sich nur darum, diese Ströme zur Signalisirung zu verwerten.

Das Princip des von Dr. Hasler benutzten Empfangapparates

ist das mit Fig. 23 erläuterte. Die vom Kontaktgeber kommende Leitung L schliesst an das eine Ende der Spule des Elektromagneten M an, während das zweite Spulenende B zur Batterie führt.

Der ganz gleiche Apparat ist für die Linie L_1 vorhanden[1]), nur verkehrt gestellt, so dass sich das Zahnrädchen des zweiten Elektromagneten in der entgegengesetzten Richtung des ersten dreht.

Die Bewegungen beider Zahnräder übertragen sich auf einen Zeiger der von einem Zifferblatte läuft, das entsprechend geteilt

Fig. 36.

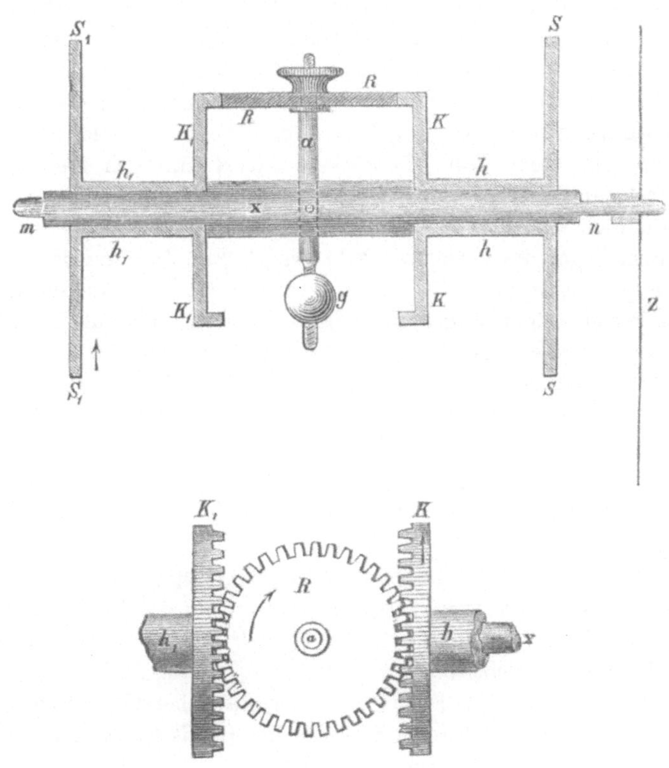

<hr>

[1]) Die Anordnung der Leitung erhellt aus Fig. 39.

und beschrieben ist. Die Uebertragung der Bewegung auf die Zeigeraxe geschieht nach Siemens-Halske'schem Muster (vergl. Punkt 33) wie Fig. 36 zeigt. Die Zahnrädchen S und S_1 sitzen auf Hohlaxen h beziehungsweise h_1, welche sich auf der Zeigeraxe x, die ihrerseits bei m and n in Lagern ruht, leicht bewegen. Auf h sitzt aber auch noch ein hleines Kammrad K und auf h_1 ein gleiches K_1. Die einander zugekehrten Zähne von K und K_1 greifen in ein Zahnrädchen (Planetenrädchen) R ein, welches auf einer Axe a läuft, die senkrecht durch x geführt und in dieser Lage befestigt ist. Am andern Ende von a befindet sich das verstellbare Ausgleichgewichtchen g.

Dem niedrigsten Wasserstande entspricht am Uhrblatte des Empfangsapparates der mit o bezeichnete Teilstrich; steigt nun das Wasser, so werden, wie früher gezeigt wurde, in bestimmten Absätzen Ströme in die Linie L, d. i. in den Elektromagneten, der das Zahnrädchen S bewegt, gelangen und dieses bei jeder Stromgebung um einen Zahn fortrücken. Mit S wird sich aber auch das fest damit verbundene Kammrad K in gleicher Richtung bewegen und das Rad R, nachdem K_1 beziehungsweise S_1 durch den Sperrkegel festgehalten bleibt (vergl. Fig. 23), mitnehmen. Mit R geht aber auch die Axe a, wodurch wieder x und der auf x steckende Zeiger Z gedreht wird. Jeder Stromimpuls schiebt auf diese Weise den Zeiger um einen Teilstrich des dementsprechend getheilten Uhrblattes weiter und der Wasserstand kann jederzeit abgelesen werden, denn beim Fallen des Wassers kommen die Ströme in den Elektromagnet der Linie L_1, es wird nun S_1 in Drehung versetzt und K_1 wälzt R jetzt in entgegengesetzter Richtung, da S durch den Sperrkegel festgehalten bleibt und der Zeiger Z geht rückwärts.

Der ganze, zuletzt geschilderte Empfangsapparat ist natürlich in einem Kästchen wohl verschlossen und nur das hinter einem verglasten Fensterchen befindliche Zifferblatt mit dem Zeiger bleibt dem Beobachter sichtbar.

29. Ein von W. E. Fein[1]) in Stuttgart herrührender elektrischer Wasserstandszeiger hat sich in der Praxis schon seit einer Reihe von Jahren vollkommen bewährt.

---

1) Vergl. Elektrotechn. Zeitschrift, 1880 Heft XII. Zeitschrift für angewandte Elektricitätslehre. 1880, Nr. 20.

Das Kontaktwerk Fig. 37 (Draufsicht in $^1/_6$ der natürlichen Grösse) und Fig. 38 (perspectivische Ansicht) besteht aus einem Kettenrade R, über welches die messingene Stifterkette T, auf welcher einerseits der Schwimmer, andererseits das Gegengewicht hängt, geschlungen ist. Die Axe des Kettenrades ruht in den Lagern L und L', auf derselben sitzt das Kontaktrad C und ein Ring mit dem Metallarm H. Das Kontaktrad hat zehn Platinvorsprünge, mit welchen er bei seiner Drehung an der Kontaktfeder F schleift, wodurch eine Verbindung von C zur Erde hergestellt wird, da F an den isolirten Winkel W befestigt ist und an diesem bei der Klemme K'' der Erdleitungsdraht anschliesst. Der Hebel H steckt nur lose auf der Kettenradwelle und wird von dieser blos durch Reibung mitgenommen, indem ihn eine um die Welle gewundene Spiralfeder gegen einen Wellenabsatz presst.

Fig. 37.

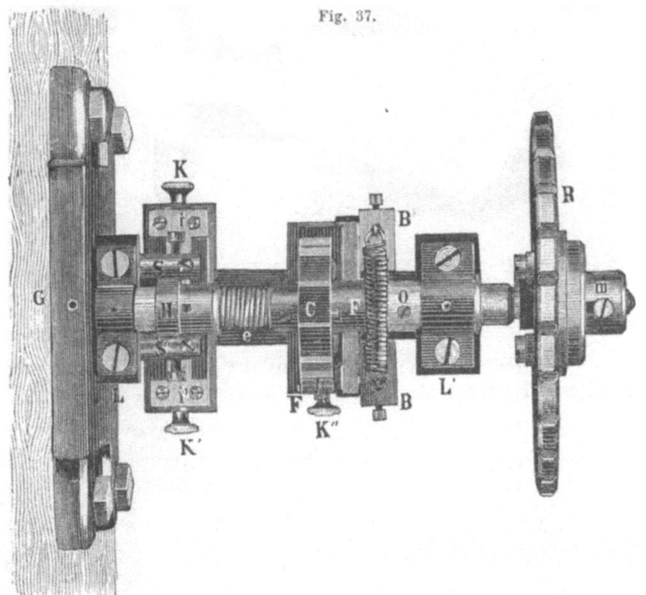

Seine Bewegung ist begrenzt durch die zwei gegenüberliegenden Stellschrauben S und S', an welche sich H je nachdem sich R rechts oder links dreht, d. h. also das Wasser steigt oder fällt, anpresst. Hierbei tritt H ersterenfalls mit einer Kontaktfeder i, letzterenfalls mit i' in Berührung. Bei i beziehungsweise der damit metallisch verbundenen Klemme K schliesst aber die eine,

Fig. 38.

bei i' beziehungsweise K' die andere der zum Zeichenempfänger führenden Leitungen an. Nachdem nun die Schwimmerkette und der Kettenrand von C und H durch eine entsprechende Hartgummi-Zwischenlage isolirt ist, die bei der letzteren aber durch die Feder e und Metallringe· in leitender Verbindung stehen, so ist ersichtlich, dass die am Beobachtungsorte aufgestellte Batterie (Fig. 39) jedesmal thätig werden wird, sobald einer der Platinvorsprünge des Rades C die Kontaktfeder F berührt, was immer geschieht, wenn K eine $^1/_{10}$ Umdrehung vollendet hat, oder, was das gleiche bedeutet (da der Umfang von $K = 50$ cm.), sobald sich der Wasserstand um 5 cm. ändert. Der von der Batterie b gelieferte Strom wird seinen Weg, je nachdem das Wasser fällt oder steigt, von der Erde E (Fig. 39) über K'', F, C, H, i, oder K'', F, C, H, i' geschlossen finden und sonach ersteren Falles den Elektromagneten M, im andern Falle den Elektromagneten M' tätig machen.

Der Zeichenempfänger ist wieder ganz ähnlich dem unter Punkt 28 geschilderten, wie denn auch die Leitungsanordnung mit jener beim Hassler'schen Wasseranzeiger übereinstimmt.

Die beim Reservoir aufgestellte Kontaktvorrichtung — die Art der Befestigung geht aus Fig. 37 und Fig. 38 deutlich hervor — ist durch einen Blechkasten wohl verschlossen, so dass alle Theile gegen Verstaubung und den Einfluss der Wasserdünste geschützt sind und nur das Kettenrad befindet sich ausserhalb des Verschlusses.

Zu erwähnen kommt noch eine sinnreiche Vorrichtung an der Kontaktvorrichtung, welche den Zweck hat, zu verhindern, dass eine Kontaktgebung des Rades C Fig. 37 und Fig. 38 in die Zeit falle, während welcher gelegentlich des

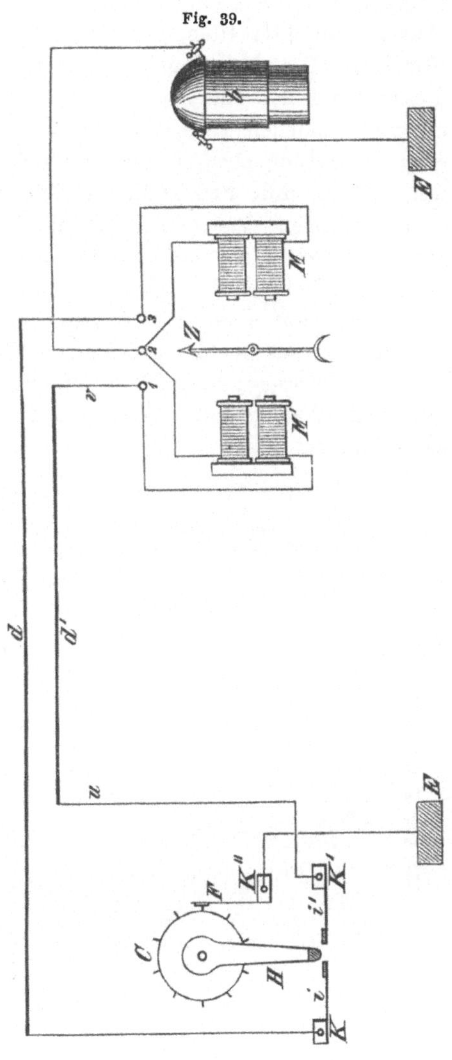

Fig. 39.

Ueberganges vom Steigen zum Fallen des Wassers und umgekehrt, der Arm H die eine Feder i bereits verlassen, die andere aber noch nicht erreicht hat. In diesem Falle bliebe nämlich trotz des Kontaktes zwischen C und F die Linie unterbrochen und das Zeichen am Empfänger aus, was hauptsächlich bei rascherem Niveauwechsel des Wassers Unrichtigkeiten am Zifferblatte hervorbringen würde. Das Kontaktrad C ist deshalb nicht ganz fest auf seiner Axe, sondern nur durch eine Feder und Nuth, von welcher letztere weiter ist, als erstere, verbunden, so dass die Axe bei jeder Aenderung der Bewegungsrichtung noch ein kleines Stückchen Leergang hat, falls C festgehalten wird, und H Zeit findet, seinen Weg bis zu i oder i^1 zu vollenden, ehe C den Kontakt mit der Feder F verlassen hat. Das Festhalten des Rades C besorgt eine Bremse, die mit den durch die Feder F gegeneinander gezogenen Bremmsbacken B und B' auf eine mit C verbundene Bremmsscheibe O wirkt.

30. Ein aus der Telegraphenbau-Werkstätte von A. Allmer in Prag hervorgegangener Wasserstandszeiger giebt gleichfalls den jeweiligen Wasserstand auf einem Zifferblatte an, hat jedoch nur eine Leitung nötig.

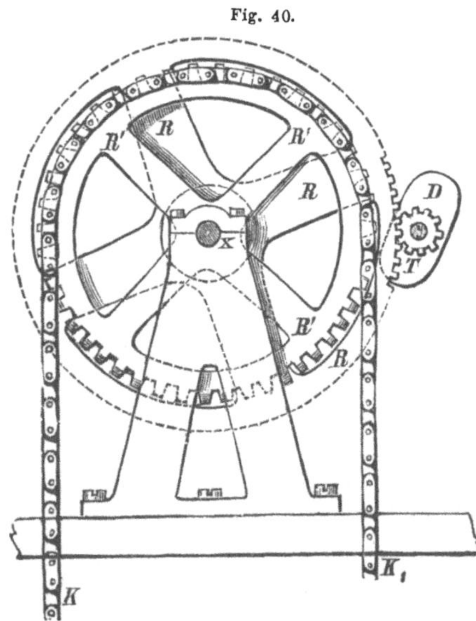

Fig. 40.

Der Schwimmer und das Gegengewicht hängen auf einer Schartenkette $K\,K_1$ (Fig. 40) und übertragen durch das Kletterrad R_1 ihren Gang auf das Zahnrad R, welches mit R_1 die Drehaxe x gemeinschaftlich hat. R greift in ein auf der Axe y sitzendes Getriebe T, das sich sechsmal umdreht, wenn R eine volle Umdrehung macht.

Auf y sitzt auch ein Doppeldaumen D aus Hartgummi, welcher in der Ebene der vier

Hebeln $a_1\ a_2\ a_3\ a_4$ (Fig. 41) liegt. Letztere werden durch Federpaare $f\,f,\ f_1 f,\ \ldots$ in einer Lage erhalten, bei welcher die Kontaktfedern $c_1\ c_2\ c_3\ c_4$ die gegenüberstehenden Kontaktschrauben $s_1\ s_2\ s_3\ s_4$ nicht berühren können. Die Drehzapfen der Hebel $a_1 \ldots$ sind wie die Federnpaare $f_1 f_1 \ldots$ und die Schraubenständer $s_1 \ldots$ an einer Gestellwand befestigt, alle diese Teile aber unter einander isolirt und nur

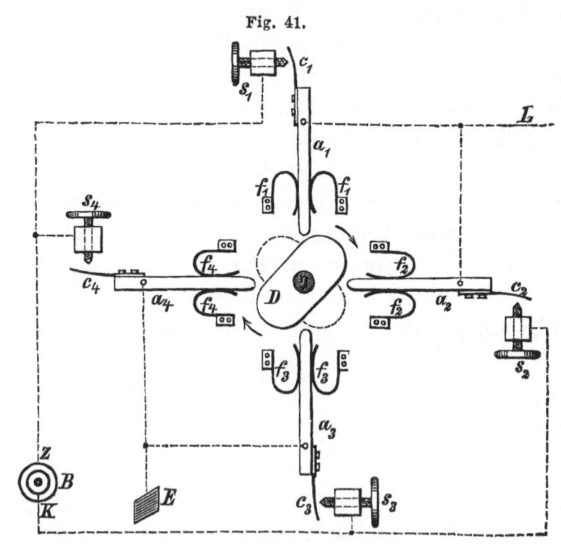

in der gestrichelt angedeuteten Weise durch Drähte mit der Linie L, der Batterie B oder der Erdleitung E in Verbindung gebracht. Die Batterie ist also diesmal beim Reservoir aufgestellt.

Hängt nun der Schwimmer bei K (Fig. 40) und geht derselbe, weil das Wasser fällt, nach abwärts, so dreht sich D (Fig. 41) in der Pfeilrichtung. Dabei wird D beim Passiren immer je ein Paar der Hebeln a aus der Ruhelage bringen und zwar derart, dass c_1 und c_3 auf s_1 und s_3 gedrückt, c_2 und c_4 aber von den Kontaktschrauben umsomehr entfernt werden. Bei jeder Umdrehung des D entstehen somit einmal die Stromwege $c_1\ s_1$ und $c_3\ s_3$, wobei die Batterie wirksam wird und ihren Strom von Kupfer K über $s_3\ c_3$ in die Erde schickt, von wo er über die Linie L, dann über $c_1\ s_1$ wieder zum Zinkpol zurückkehrt. Würde hingegen das Wasser steigen, so nehmen R und D den umgekehrten Weg und D drückt jetzt bei jeder Umdrehung c_2 und c_4 auf s_2 und s_4, dagegen c_1 und c_3 von den Kontakten weiter ab. Es wird in diesem Falle der Strom von K über $s_2\ c_2$ den

Weg in die Linie L finden, von wo er über $E\ c_4\ s_4$ zum Zinkpol zurückkehren kann.

Wie man sieht, werden also beim Steigen des Wassers positiv, beim Fallen negativ gerichtete Ströme in die Leitung entsendet und zwar je ein Strom für ein bestimmtes, gleichbleibendes Mass der Vermehrung, beziehungsweise Verminderung des Wasserstandes. Dementsprechend ist auch der Empfangsapparat (Fig. 42) der Beobachtungsstation eingerichtet. Das aussen sichtbare Zifferblatt P ist in hundert Teile geteilt. Der Zeiger J wird, wenn der Schwimmer am tiefsten Punkte steht, auf o eingestellt. Jede Teilung des Zifferblattes entspricht einer Umdrehung des Daumens D (Fig. 40 und 41), d. i. einer Differenz im Wasserstande von der Grösse des Umfanges des Rades R^1 (Fig. 40) geteilt durch 6. Der Apparat, welcher den Zeiger bewegt, besteht aus dem Elektromagneten M (Fig. 42) mit zwei Anker, A_1 und A_2, die bei d_1 beziehungsweise d_2 ihren Drehpunkt und die bei $s\ s$ verstellbare Abrissfeder F gemeinschaftlich haben. Die Stifte i_1 und i_2 und die Schrauben q_1 und q_2 dienen zur

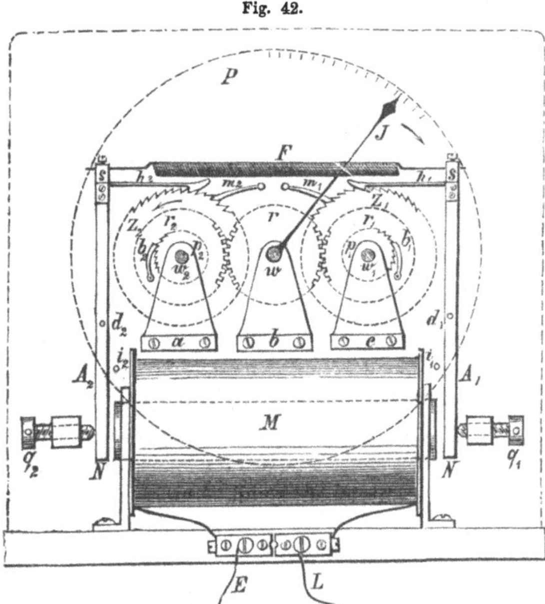

Fig. 42.

Eingrenzung der Ankerbewegungen.

Die Anker sind Magnetstäbe und liegen mit dem Nordpole vor dem Elektromagneten.

Die Ankerbewegungen übertragen sich in der bereits früher besprochenen Weise (vergleiche Fig. 23) durch die Federhaken h_1 und h_2 auf die Zahnrädchen z_1 und z_2. Das Rad z_1 sitzt, wie das kleine Zahnrädchen p_1, auf der Drehaxe w_1 fest, während auf dieser Axe das Kammrädchen r_1 in einer Nuth leer läuft, und nur durch den Sperrkegel b_1, der in p_1 eingreift, mit w_1 in Abhängigkeit gebracht ist. Es wird infolgedessen, wenn z_1 durch den Anker A_1 bewegt wird, das Rad r_1 diese Bewegungen mitmachen müssen, während es in umgekehrter Richtung gedreht werden kann, ohne w_1 oder z_1 zu beeinflussen. Ganz gleich sind die Rädchen z_2 und r_2 durch ein Gesperre gekuppelt; r_1 und r_2 greifen in das Rad r ein, das auf der Zeigeraxe w festsitzt.

Je nach der Richtung der durch M kommenden Ströme wird der Anker A_1 oder A_2 angezogen werden. Nehmen wir an, dass positiv gerichtete Ströme bei L eintreten, so wird A_1 nicht nur nicht angezogen, sondern abgestossen, weil hier gleichnamige Pole aufeinander einwirken, A_2 dagegen angezogen und dadurch z_2, sowie durch Vermittlung des Gesperres, von r_2 und r auch der Zeiger J in der Richtung des Pfeiles um einen Zahn, bez. einen Theilstrich fortbewegt. Dabei bleibt aber die Axe w_1 sowie die Zahnrädchen p_1 und z_1 durch den Sperrkegel m_1 festgehalten, obwohl r das Rad r_1 leer mitnimmt. Jeder folgende in gleicher Richtung kommende Strom treibt auf diese Art den Zeiger in der Pfeilrichtung um einen Teilstrich weiter. Tritt bei L der Strom negativ ein, so arbeitet nun in ganz gleicher Weise der Anker A_1 und bewegt den Zeiger nach rückwärts, während jetzt die Axe w_2 durch den Sperrkegel b_2 festgehalten bleibt, obwohl r_2 leer mitlauft.

31. Eine elektrische Vorrichtung, welche zwar nicht durch Zeichen den jeweiligen Wasserstand erkennen, denselben aber jederzeit messen lässt, hat Professor R. Ferrini[1]) in Mailand construirt. Als Zeichengeber (Fig. 43) dient eine ca. 2 ᶜᵐ· weite, eiserne Röhre $M\,M'$, die sich unten auf eine Höhe von 1 Meter auf 12 cm. verbreitert. Die ganze Höhe der Röhre ist immer höher, als der höchste Wasserstand. Das verbreiterte Endstück M' taucht in ein gusseisernes mit Quecksilber gefülltes Gefäss G ein.

---

1) Vergl. Zeitschrift für angewandte Elektricitätslehre. II. Band No. 5 pag. 119.

Dieses Gefäss sowie das ganze untere Röhrende umgiebt eine gusseiserne Röhre Q, die seitlich mit einer Anzahl von Oeffnungen p versehen ist. Durch diese Oeffnungen dringt das Wasser in das

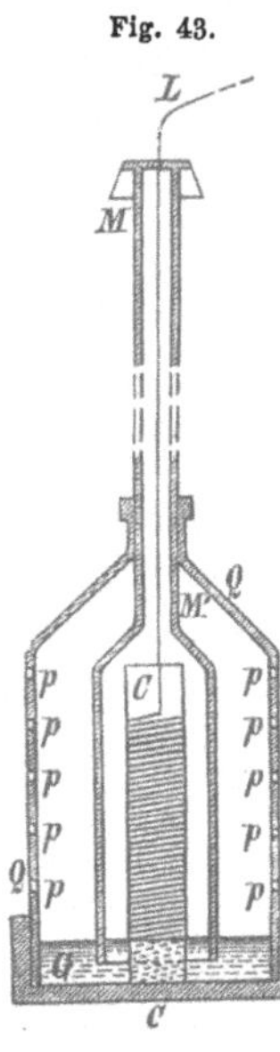

Innere der Glocke, übt hier einen Druck auf das Quecksilber aus, so dass dieses im Inneren der Röhre M' auf eine gewisse Höhe gehoben wird. Aendert sich der Wasserstand um 2 cm., so nimmt die Höhe des Quecksilbers in M' im gleichen Sinne um 1.5 mm zu oder ab. In M' befindet sich ferner ein 80 cm. langer und 10 cm. dicker Cylinder $C\ C$ aus Porcellan, um welchen in einer spiralförmigen Nuth, die in ca. 500 Windungen um seine Aussenfläche läuft, ein 1 mm. dicker Eisendraht aufgewickelt ist.

Denkt man sich nun das eine Ende der Drahtspirale durch das Quecksilber hindurch mit dem gusseisernen Gefässe G und sonach auch mit der Röhre $Q\ Q$ und mit der Erde (Flussbettboden) metallisch in Verbindung gebracht, während das andere Ende L (Fig. 34) isolirt durch die Röhre weitergeführt und bis zur Beobachtungsstation geleitet ist, so kann man dort, indem man nach irgend einer der bestehenden Methoden den Widerstand dieser Leitung misst, auch zugleich den jeweiligen Wasserstand feststellen. Man braucht zu dem Ende nur vorerst den Widerstand der ganzen Linie und dann der Drahtspirale für eine Windungshöhle von 1.5 mm. ein für allemal zu messen. Der Leitungswiderstand wird sich bei ungleichen Wasserständen dadurch ändern, dass mehr oder weniger Drahtwindungen der Spirale vom Quecksilber berührt werden. Der Wasserstand wird also, wenn L den ursprünglichen Leitungswiderstand L_1 den augenblicklich gemessenen und w den eines Spiralganges von 1.5 mm. bezeichnet, gleich sein $\frac{L-L_1}{w} \times 2$ cm.. Hierzu werden aber auch noch Correcturen wegen den Temperaturdifferenzen nötig u. s. w. Die ganze Anordnung scheint für die Praxis nicht gerade besonders geeignet zu sein.

Dem hier nur im Principe angedeuteten Wasserstandsmesser hat übrigens Professor Ferrini eine Form gegeben, die es ermöglicht, gleich die Temperaturcorrecturen, die Messungen der Constanten u. s. w. mit einem Schlage zu bewerkstelligen, so dass das Messverfahren wesentlich vereinfacht und sicherer wird.

32. Einen anscheinend sehr praktischen Wasserstandszeiger[1]) benützt die Nottingham Waterworks Company bei ihren Pumpwerken. Der Zeichengeber (Fig. 44) besteht wieder aus einem in der Zeichnung nicht dargestellten Schwimmer mit Gegengewicht, der auf einer über eine Rolle laufenden Kette hängt. Auf der Rollenaxe sitzt auch ein in der Figur gleichfalls weggelassenes Zahnrad R_1 fest, das in ein zweites Zahnrad R_2 eingreift. Letzteres überträgt seine Bewegung auf das Getriebe R_3. Auf der Triebaxe a ist auch noch eine aus Hartgummi hergestellte dicke Scheibe R_4 aufgekeilt, aus welcher seitlich ein Stift s vorsteht, während an der Peripherie ein platinirter Metallwulst b vorsteht,

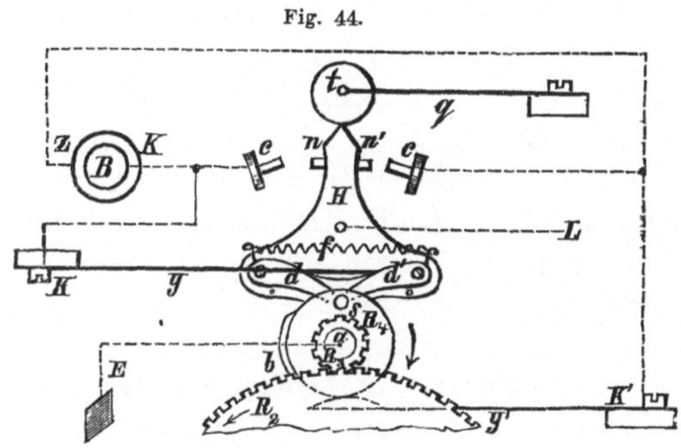

Fig. 44.

welcher durch Schrauben mit der Axe a in leitende Verbindung gebracht ist. Ein um eine Axe drehbares metallenes Herzstück H trägt die zwei drehbaren Daumen d und d^1, welche durch eine Spiralfeder f gegen Anschlagstifte gedrückt werden. Der obere Theil des Herzstückes ist rechts und links mit Platinkontakten $n\,n^1$ versehen, welchen die Kontaktschrauben c, c gegenüberliegen. Zwei von den Klemmen $k\,k^1$ ausgehende Kontaktfedern $y\,y^1$ schleifen auf der Scheibe R_4. Zu k ist der Kupferpol der Batterie B und ein zur linksliegenden Kontaktschraube c führender Draht angeschlossen, während mit k^1 die rechtsliegende Kontaktschraube und der Zinkpol in leitender Verbindung steht. Die zum Empfangs-Apparat führende

---

1) Vergl. The telegraphic Journal vom 15. Juni 1879.

Linie L schliesst zum Herzstück H, die Erdleitung E zur Axe a bez. den Wulst b an.

Nehmen wir an, das Wasser steige und der Schwimmer ginge also nach aufwärts, so bewegen sich die Räder in der durch Pfeile angedeuteten Richtung. Hierbei erfasst der Stift s den Daumen d^1 und dreht das Herzstück zur Seite, bis s an d^1 völlig vorüber kann; dabei wird n der linksliegenden Kontaktschraube c genähert und endlich durch das auf der kräftigen Feder g sitzende, drehbare Scheibchen t fest auf c gedrückt. Kommt nun b mit y in Berührung, so ist zwar eine Verbindung vom Kupferpol zur Erde und von der Linie zur Erde hergestellt, eine Stromerzeugung jedoch nicht möglich, weil, wie man sieht, der Zinkpol isolirt bleibt; dreht sich aber R_4 weiter bis endlich b die Kontaktfeder y^1 berührt, so tritt ein Strom von Kupfer über c (y schleift jetzt auf Hartgummi und ist sonach isolirt) und über H in die Linie L, der durch die Erde über a, b, y^1, k^1 zum Zinkpol zurückgelangt. Diese Apparatstellung wiederholt sich bei jeder weiteren, in der gleichen Richtung erfolgenden Umdrehung von R_4, d. h. solange der Wasserstand zunimmt, werden nur positive Ströme in die Linie entsendet.

Der Stift s erfährt, nachdem er bei der ersten Umdrehung von R_4 den Daumen d^1 bereits genügend zur Seite gedrückt hat, um vorüber zu können, bei den weiteren Umdrehungen kein Hemmniss mehr, da er den Daumen d, den er zwar auf seinem Wege findet, in die Höhe hebt, denn die Feder f giebt nach, drückt aber, sobald s an d vorüber ist, d gleich wieder nach abwärts gegen den Anschlagstift.

Fällt aber das Wasser, so macht das ganze Räderwerk den verkehrten Weg und s kommt nun von der andern Seite, kann zwar an d^1 vorüber, nicht aber an d, sondern erfasst diesen Daumen an der Vorderkante und legt nun das Herzstück H nach rechts um, wo wieder das einfallende Federscheibchen t bewirkt, dass der Kontakt zwischen n^1 und dem rechtsliegenden c ein inniger sei. Kommt bei der weiteren Drehung b zu y^1, so ist zwar der Zinkpol und die Linie zur Erde verbunden, ein Strom kann indessen nicht entstehen. Wohl aber wird die Batterie wirksam werden, wenn b bis y gelangt, wo dann ein Strom von der Batterie B über k, y, b, a, $E L$, H, n^1, c (rechts) und Z (y^1 ist jetzt isolirt) seinen Weg findet. Das Fallen des Wassers wird jetzt also durch negativ gerichtete Ströme signalisirt.

Der am Beobachtungsorte aufgestellte Signalapparat (Fig. 45) besteht aus zwei Elektromagneten M und M^1, die mit ihren Polen einander zugekehrt sind; dazwischen befindet sich der auf einer Axe a drehbare magnetisirte Anker A. Die Bewegungen des Ankers werden durch Stellschrauben, die in der Zeichnung weggeblieben sind, fixirt. Zwei haken-förmige um o o^1 drehbare Hebel h h^1, lehnen sich mit ihren kurzen Armen gegen das obere Ende des Ankers so, dass sie vermöge ihres Gewichtes die Abreissfeder ersetzend, den Anker in der Mitte zwischen den Elektromagnetpolen festhalten.

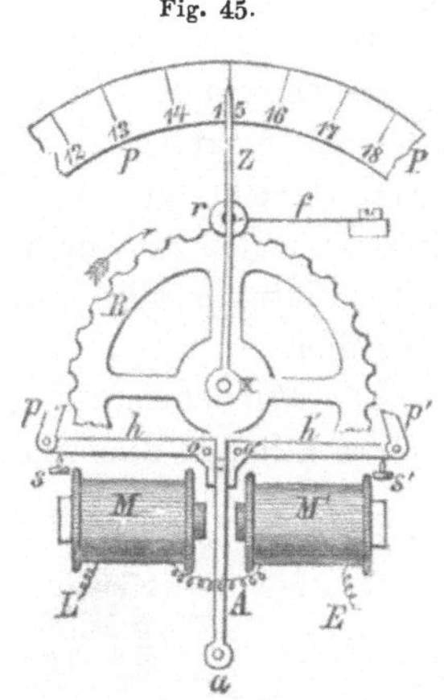

Fig. 45.

Kommt jedoch z. B. ein positiver Strom durch die Linie, so zieht M den Anker A an, M^1 stösst ihn ab, er bewegt sich nach links und hebt dabei den Hebel h, so dass dieser mit dem Sporn p in das Steigrad R eingreift und dasselbe um einen Zahn in der durch einen Pfeil angedeuteten Richtung weiterschiebt. Hört der Strom und also die magnetische Wirkung des Elektromagneten auf, so stellt h vermöge seines Gewichtes den Anker wieder in die Mittellage zurück. Das Steigrad wird indessen durch das auf der abwärts wirkenden Feder f sitzende Röllchen in seiner Lage festgehalten. Auf der Axe x des Steigrades steckt auch der Zeiger Z, der an einem entsprechend getheilten Uhr-blatte P die erhaltenen Verschiebungen kennzeichnet. Ein nega-tiver Strom zieht A gegen M^1 und bringt also den Hebel h^1 in Thätigkeit, der nun das Steigrad und den Zeiger in die entgegen-gesetzte Richtung dreht.

Das Steigen und Fallen des Wassers kann somit auch bei dieser Vorrichtung sogleich vom Zifferblatte des Empfangapparates abgelesen werden.

33. Bei allen elektrischen Signalanlagen, die nicht unter einer ständigen, fachmännischen Aufsicht und Pflege stehen, sind

die feuchten Batterien eine mitunter recht fühlbare Kalamität;
sie verlangen eine sorgliche Instandhaltung, müssen rechtzeitig
nachgefüllt oder ausgewechselt werden u. s. w. (vgl. Punkt 38).
Wird hierin Etwas ungeschickt gemacht oder versäumt, so versagt die Vorrichtung ihren Dienst.

Dieser Uebelstand haftet dem bei den Berliner Wasserwerken
an, der Oberspree und in Tegel sowie vielfach anderweitig ange-
wendeten elektrischen Wasserstandszeiger von Siemens und
Halske nicht an, weil bei diesem Apparate die vom auf- und
niedergehenden Schwimmer ausgeübte Kraft nicht nur den Zeichengeber thätig macht, sondern gleichzeitig auch zur Stromerzeugung dient.

Die Vorrichtung (Fig. 46) beim Reservoir besteht nämlich
im Wesentlichen aus einem Magnetinduktor, wie er im Punkte 11

Fig. 46.

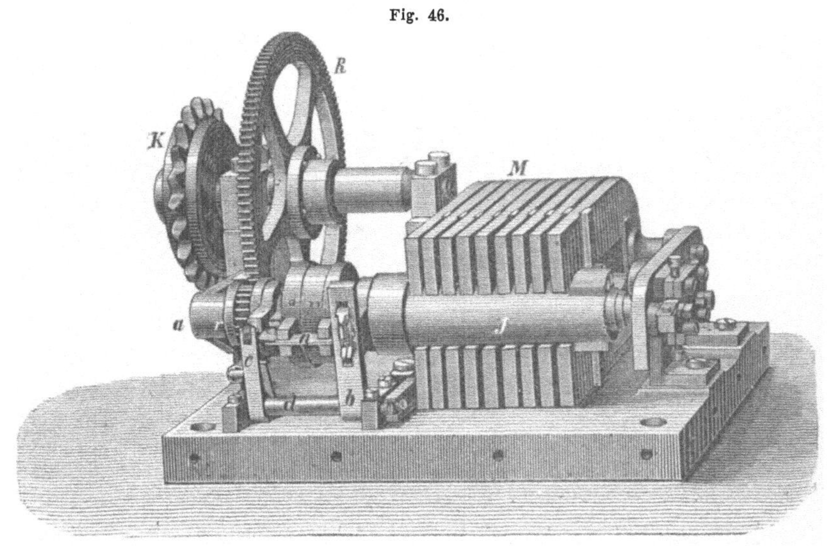

(Fig. 11, 12 und 13) geschildert wurde. Statt der Handkurbel
ist jedoch das Kettenrad K vorhanden, über welches eine in der
Zeichnung weggebliebene Schartenkette (vergl. Fig. 48) geschlungen
ist, die den Schwimmer und das Gegengewicht (S und G in
Fig. 48) trägt.

Beim Steigen und Fallen des Wassers überträgt also der Schwimmer seine Bewegung auf K (Fig. 46) und weiter durch R auf das Getriebe r; die Axe a des letzteren ist aber diesmal mit der Axe des Inductorankers J nicht direkt verbunden, sondern dieser wird durch die Kraft einer im Federhaus F eingehängten Spiralfeder in Rotation versetzt. Auf der Axe a sitzen nämlich zwei Mitnehmer n, wovon der eine bei der Links-Drehung von a das Federhaus, der andere hingegen bei der Rechts-Drehung von a die Federaxe mitnimmt, während gleichzeitig im ersteren Falle die Federaxe, im letzteren das Federhaus durch Nasen an dem auf einer Drehaxe d sitzenden Arme b festgehalten werden. Mit d ist auch der Arm c, den eine Feder gegen a drückt, steif verbunden. Sobald sich r einmal herumgedreht hat, schiebt ein auf a sitzender Exzenter den Arm c zurück; es weicht also auch b zurück, die Nase, welche bei b das Federhaus, bezw. die Federaxe festhielt, verliert ihren Halt und die Signalfeder in F schnellt ab, wobei der Induktoranker durch Vermittlung eines zweiten Mitnehmerpaares gleichfalls einmal herumgedreht wird.

Jede Umdrehung des Getriebes r bringt sonach ein Wechselstrompaar zu Stande, das, jenachdem der Schwimmer aufwärts oder abwärts geht, — ähnlich wie bei Fein's Apparat (vergl. Punkt 29) die Batterieströme — in die eine oder die andere der zwei vom Induktor zum Empfänger führenden Leitungen (L_1 und L_2 Fig. 48) gelangt.

Der Empfänger, welcher ursprünglich (1866) die in Fig. 47 dargestellte Anordnung hatte, seitdem aber (1871) einige zweckdienliche, am Prinzipe übrigens Nichts ändernde Modifikationen erfuhr, besteht der Hauptsache nach aus zwei Elektromagneten,[1] die symmetrisch rechts und links von der Platte P angeordnet sind. Die dazu gehörigen Anker, als welche hier magnetisirte Eisenstäbe benutzt werden, sind wieder mit je einem Häkchen versehen (vergl. Fig. 23), das in ein Zahnrad eingreift. Die Lage des Ankers des Hakens und der Zähne des Zahnrades auf der

---

[1] Vergl. Zeitschrift des deutsch-österr. Telegraphenvereins. Jhrg. 13, S. 185 — Dub, Die Anwendung des Elektromagnetismus, 2. Aufl. S. 783. — Bericht über die wissenschaftlichen Instrumente auf der Berliner Gewerbe-Ausstellung im Jahre 1879. S. 510.

Vorderseite von P ist natürlich gerade die entgegengesetzte von
jener der genannten Bestandteile auf der Rückseite der Platte P.
Je nachdem die Ströme vom Induktor S über $g\,l$ oder über $g\,k$
kommen, wird das eine oder das andere Zahnrädchen (in entgegengesetzter Richtung) bewegt werden. Die Uebertragung der
Bewegung auf die Axe y des Zeigers z, der wieder vor einem

Fig. 47.

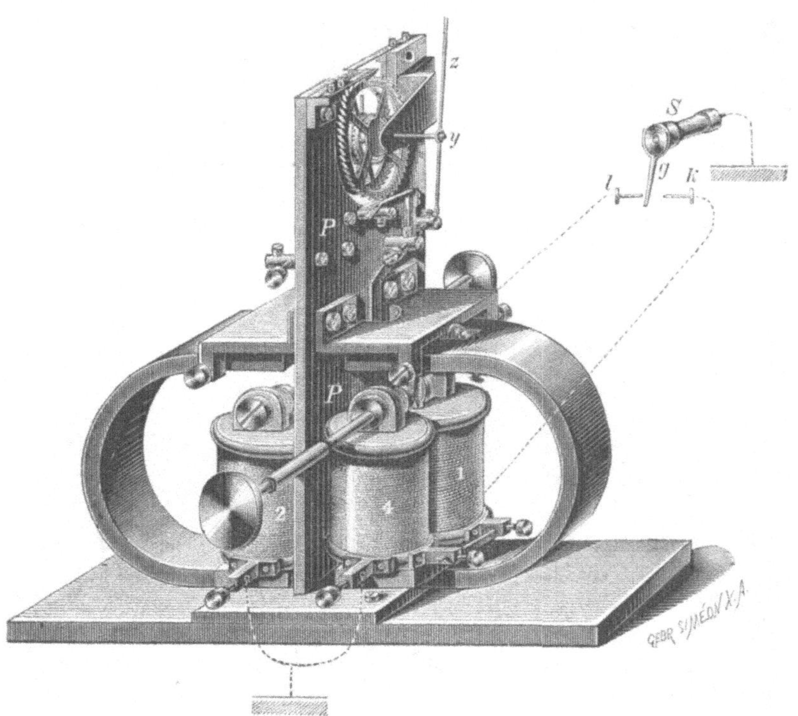

in der Figur weggelassenem Zifferblatte läuft, geschieht durch
Vermittlung eines Planetenrädchens (vergl. Fig. 36), wie dies
bereits in Punkt 28 erwähnt wurde.

Die allgemeine Anordnung eines solchen Wasserstandszeigers
beispielsweise an einem eingewölbten Kanale erläutert des Näheren
Fig. 48. Damit das Gegengewicht G einen geringeren Gang er-
halte, läuft dasselbe auf einer Flaschenrolle. Um für den Fall,

Fig. 48.

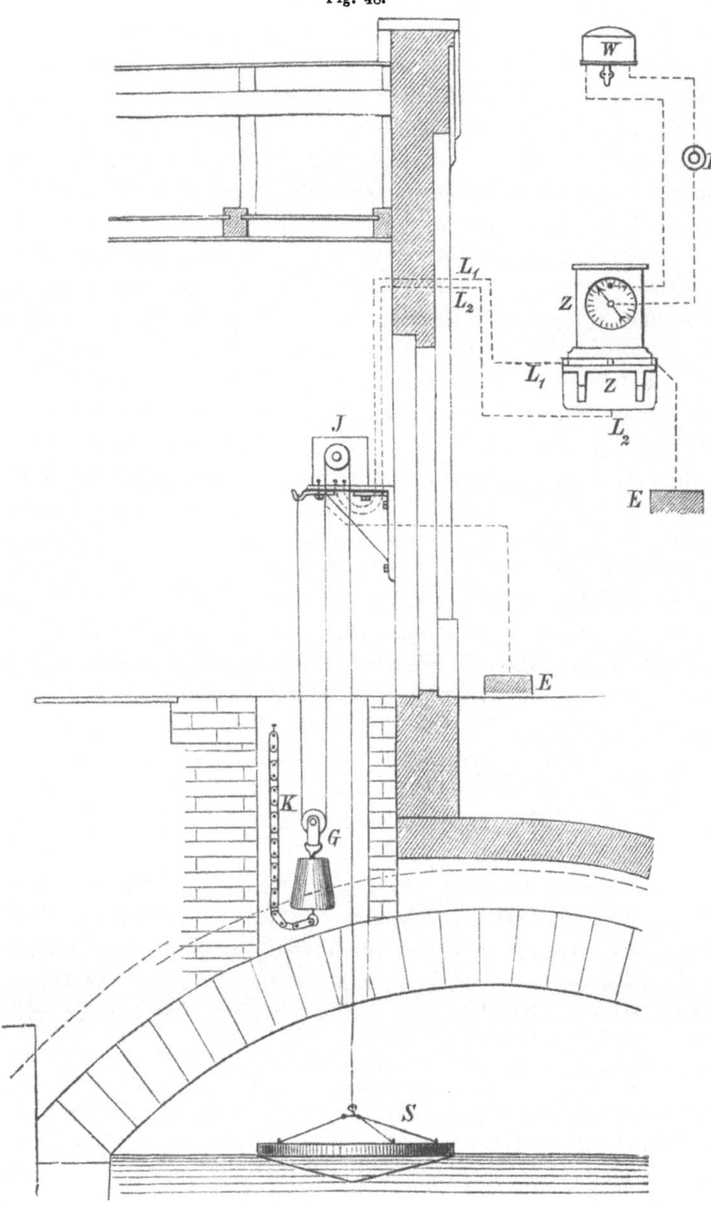

dass die Schwimmerkette reissen sollte, oder sonst ein Umstand das Aufhissen des Gewichts nötig macht, dieses leicht aus dem Schachte zu bringen, dann auch um dem Gewichte eine Art Führung zu geben, ist die Gliederkette K vorhanden. Vom Induktor J, der zweckmässig auf Konsolen, genau über den Kettenschacht angebracht ist, führen die Leitungen L_1 und L_2 zu dem am Beobachtungsorte befindlichen Zeichenempfänger Z. Am Zifferblatte dieses Apparates kann, wenn man wünscht, dass irgend ein bestimmter Wasserstand noch durch ein Lärmsignal besonders signalisirt werde, ein verstellbarer Kontakt angebracht werden, den man auf jenen Teilstrich einstellt, der dem obengenannten Wasserstande entspricht. Die Zeigeraxe ist nun mit dem Pole einer Batterie B in Verbindung gesetzt, deren zweiter Pol zu dem Alarmapparat W, etwa einem kräftigen Wecker, (Selbstunterbrecher, Fig. 25) anschliesst, während schliesslich der zweite Anschluss des Allarmapparates mit dem verstellbaren Kontakt leitend verbunden ist. Kontakt und Zeigeraxe sind jedoch von einander isolirt; erst wenn der Zeiger auf seinem Wege bis zum fraglichen Teilstriche gelangt, tritt er mit dem Kontakte in Berührung und schliesst auf diese Art den Stromkreis der Batterie B, infolge dessen der Alarmapparat (Wecker) tätig wird[1]).

34. Sollen über die Wasserstände bleibende Aufschreibungen geführt werden, so wird sich die Anlage natürlich wesentlich komplizirter gestalten. Es kann in dieser Richtung etwa zweierlei verlangt werden: entweder soll blos die Zeit des Eintretens und die Dauer der Maximum- oder Minimum-Wasserstände angemerkt werden, oder es ist in bestimmten Zeitintervallen der zeitweilige Wasserstand graphisch zu registriren.

35. Die erstere dieser Aufgaben wird sich allenfalls mit der in Fig. 49 dargestellten, ziemlich einfachen Vorrichtung lösen lassen. Die auf einem Fussbrette befestigte, gutgehende Uhr U treibt statt des Stundenzeigers eine Scheibe S. Noch zweckdienlicher ist es, eine Uhr zu wählen, welche die Scheibe alle

---

[1]) Ein ganz besonders ingenieuser, von Horn in Berlin 1874 construirter Wasserstandsanzeiger für feinere Zwecke ist im „Bericht über die wissenschaftlichen Instrumente auf der Berliner Gewerbeausstellung 1879" Seite 511—514 beschrieben.

24 Stunden eine volle Umdrehung machen lässt. An dieser Scheibe wird mittels Haften ein Papier befestigt, auf dem eine Teilung vorgedruckt ist, welche die Stunden, beziehungsweise Minuten (mindestens 6 oder 12 Teilstriche per Stunde, d. h. zehn- bis fünf-Minuten-Intervalle) anzeigt.

Gleichfalls am Fussbrette angeschraubt ist der Elektromagnet M mit dem Anker A, welchen die Abreissfeder f bei stromloser Linie gegen die Stellschraube p zieht. Der Ankerhebel trägt am oberen Ende einen Stahlstift oder auch Blei- oder Blaustift s, welcher seine Spitze der Papierscheibe zukehrt. Denkt man sich nun den Elektromagnet M in die zum Zeichengeber führende Leitung eingeschaltet und den Schliessungskreis geschlossen, also in M Strom, so wird der Anker so weit angezogen, als dies die Stellschraube q gestattet und dabei s gegen das Papier gedrückt. Wenn nun an der Stelle, wo der Stift die Scheibe trifft, diese mit einer kleinen Nuth versehen ist, die natürlich rings herumlaufen muss, so kann der Stift ein sehr deutliches Zeichen erzeugen, auch wenn er nicht färbt. Ein ganz kurzer Strom wird nur einen Punkt, ein länger dauernder einen entsprechend langen Strich, wie bei einem Morse-Schreiber hervorbringen. Die Papierscheibe wird selbstverständlich alle 24 Stunden abgenommen und durch eine neue ersetzt werden müssen.

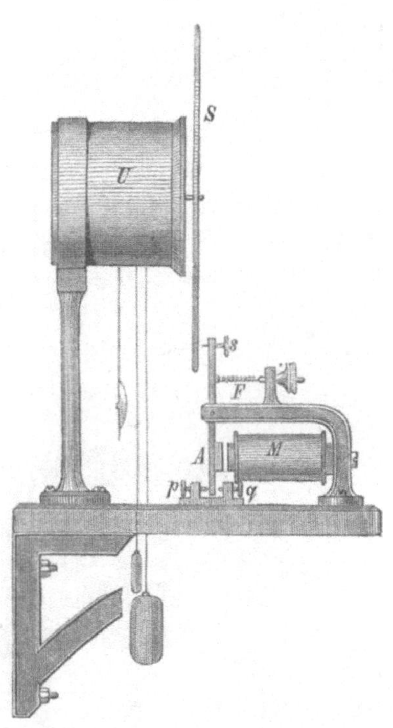
Fig. 49.

Es können auch zur Markirung des höchsten und niedersten oder auch dazwischen liegender Wasserstände zwei oder mehrere

Teilungen auf der Scheibe eingezeichnet sein, in welchem Falle für jede ein eigener Schreibstift sammt Elektromagneten, sowie Kontaktvorrichtung (Zeichengeber) und Leitung vorhanden sein müsste, und es angezeigt sein würde, die Uhr und Scheibe horizontal und rings um dieselbe die Schreibvorrichtungen anzuordnen.

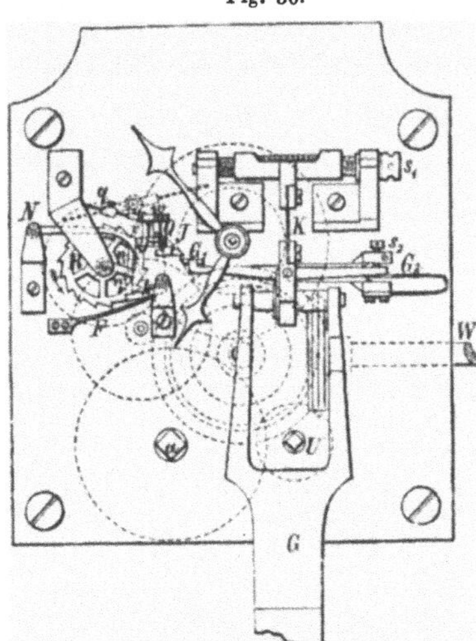

Fig. 50.

36. Ein Registrirapparat, der für genaue Aufschreibungen einzelner Wasserstände oder anderer Bewegungs-Phasen vorzüglich geeignet wäre und bei welchem das tägliche Abnehmen des beschriebenen Papiers erspart bleibt, ist der in Fig. 50 bis 52 dargestellte, von Schäffler in Wien[1]) construirte. Ein mit Gewicht betriebenes und durch das Pendel G regulirtes Uhrwerk ganz eigentümlicher Construction (Fig. 50) zeigt die Tageszeit in gewöhnlicher Weise auf einem Zifferblatte an und treibt gleichzeitig die seitlich heraustretende Welle W, welche zu dem eigentlichen Registrirapparat (Fig. 51 und 52) führt und diesen in Tätigkeit setzt.

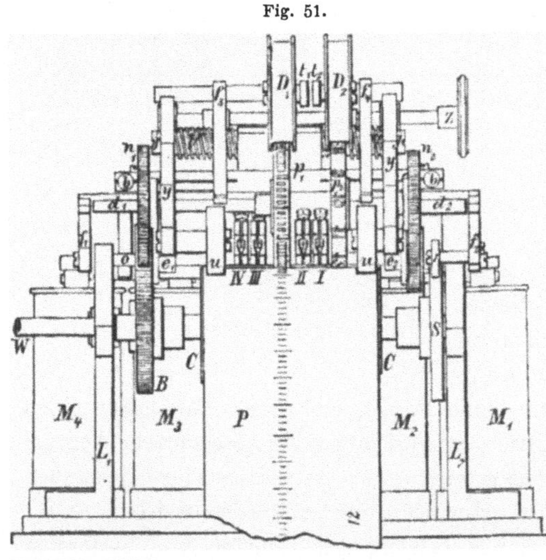

Fig. 51.

---

1) Vergl. Elektrotechn. Zeitschrift. Märzheft 1880 Seite 97.

Auf der Welle W, welche in den Ständerplatten L_1 und L_2 gelagert ist und sich gleichförmig und zwar mit der Geschwindigkeit des Minutenzeigers der Uhr dreht, sitzt die Scheibe S, dann der Papierzugscylinder C und das Zahnrad B. Die gleichfalls in L_1 und L_2 lagernde Welle o trägt an ihren Enden die Zahnräder e_1 und e_2, von welchen ersteres in das in B eingreifende Zwischenzahnrad h (Fig. 52) eingreift. Auf der Welle o, lose aufgesteckt, ist ferner auch der Rahmen f_1, welcher die Axe d_1 des Zahnrädchens n_1 trägt, sowie auf der andern Seite ein ähnlicher Rahmen f_2, der die Axe d_2 des Zahnrädchens n_2 trägt; n_1 greift in das Zahnrad e_1 und n_2 in das Zahnrad e_2 ein.

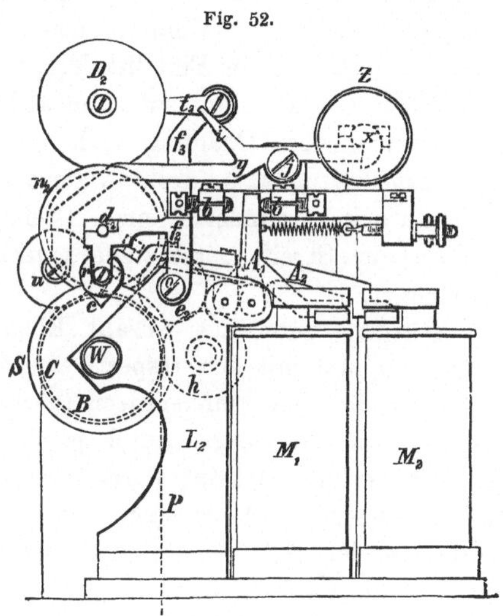

Fig. 52.

Auf d_1 sitzt ausser n_1 auch noch eine Scheibe p_1, welche an der Peripherie mit 60 erhabenen Teilstrichen versehen ist, und auf der Axe d_2 nebst n_2 gleichfalls eine solche Scheibe p_2, in welche aber statt der Teilstriche die Typen 1 bis 12 eingeschnitten sind.

Die Anzahl der Zähne obiger Zahnräder ist so gewählt, dass sich d_1 mit der gleichen Geschwindigkeit als W bewegt, während d_2 auf zwölf Umdrehungen von W 13 Umdrehungen macht.

Die Scheibe p_1 hat den gleichen Umfang wie der Cylinder C und sie legt sich also vermöge der Beweglichkeit ihres Lagerrahmens f_1 beständig auf das Papier, das in Form eines Streifens P von einer unterhalb liegenden, in der Zeichnung weggelassenen Rolle durch C und die zwei Friktionsrollen u, welche von den Hebeln y getragen und durch eine auf den Hebelaxen j sitzende Wurmfeder V auf das Papier gegen C gepresst werden, gleichmässig abgewickelt wird.

An den Lagerrahmen f_2 ist eine kleine Rolle r angebracht, welche auf der Mantelfläche der Scheibe S läuft und verhindert, dass p_2 mit dem Papiere in Berührung kommt. S hat aber an einer Stelle den Ausschnitt c, der bei jeder Umdrehung, d. i. also alle Stunden einmal, unter r kommt, in welchem Falle dann f_2 tiefer niedergehen und p_2 das Papier berühren kann. Die Scheiben p_1 und p_2, oder wenn man sie so heissen will, die beiden Typenrädchen, werden durch die sie berührenden Farbwalzen D_1 und D_2 beständig mit Farbe befeuchtet und es wird das erstere fortlaufend Striche auf dem Papierstreifen hervorbringen, welche die Minuten markiren, während p_2 nur alle Stunden einmal beim Einfallen der Rolle r in den Einschnitt c eine Ziffer auf den Papierstreifen abdrückt. Die Ziffern werden der arithmetischen Ordnung nach kommen müssen, weil sich p_2, wie gesagt, $1\,{}^{1}/_{12}$ mal umdreht, während W und der darauf sitzende Papierabwickel-Cylinder C einen Drehgang vollendet.

Auf den Streifen erscheinen sonach die Minuten und Stunden verzeichnet.

Würden nun eine Anzahl Elektromagnete M_1 M_2 M_3 M_4 vorhanden und mit den respectiven Kontaktvorrichtungen der zu kontrolirenden Bewegungsphasen (höchster, niedrigster, mittlerer Wasserstand oder dergl.) durch je eine Leitung, sowie mit einer Batterie verbunden sein, deren Ankerhebeln mit Schreibstifte I, II, III, IV (Fig. 51) versehen sind, so wird die gestellte Aufgabe wieder in der Art — nur noch zweckdienlicher — gelöst sein, wie dies im Punkte 35 schon besprochen wurde.

37. Zur Lösung der unter Punkt 34 zweitgedachten Aufgabe lässt sich beispielsweise der s. g. Limnigraph, wie ihn Hasler in Bern erzeugt, verwenden: An einer Leitstange L (Fig. 53), welche bei $s\,s$ Drehzapfen hat, gleitet ein Schieber S, der rechts mit einem Zeiger Z, links mit einem steifen Arme N versehen ist. Ein bei N eingeschraubter Stift kehrt seine nadelförmige Spitze dem Cylinder $C\,C$ zu. Dieser ist ein in Axen drehbarer, mit Tuch überzogener Kartoncylinder, um welchen eine Papierskala gespannt wird, auf der die senkrechten Linien den Zeitintervallen, die horizontalen der reduzirten Pegeleinteilung entsprechen. An der Leitstange L sitzt der Querarm $H\,H^1$ fest, der durch eine vom Ende H^1 zur Gestellswand gespannte Spiralfeder F in einer Lage festgehalten wird, bei welcher L so weit gedreht

ist, dass N den Cylinder nicht berühren kann. Das zweite Gabel-
ende H reicht mit einem Bügel b in das Triebwerk einer Uhr U.
Diese hat zwei durch Federtrieb bewegte Räderwerke, wovon das
eine als eigentliches Uhrwerk, gleichzeitig aber noch dazu dient,
das zweite in bestimmten Zeitintervallen — sagen wir alle 10
oder 15 Minuten —
auszulösen. Der
Zweck des zweiten
ist, den Bügel b
mit einem Exzen-
ter zu fassen, die
Kraft der Feder
F zu überwinden
und den Arm H
auf einen Moment
nach rückwärts zu
schieben, wobei
natürlich die Leit-
stange L sammt
dem Arme $S\,N$
mitgenommen
und der Nadelstift
in's Papier ge-
drückt wird. Bei
dieser Bewegung
greift auch noch
das an H mittelst

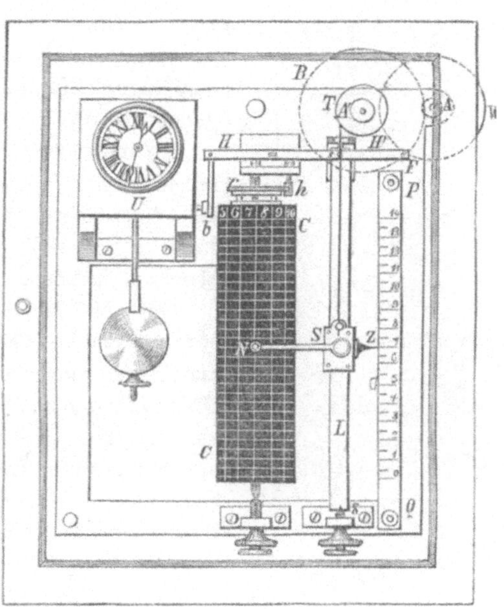

Fig. 53.

eines nach abwärts reichenden Stieles befestigte Häkchen h in
das auf der Cylinderaxe festsitzende Zahnrad r, das so viele
Zähne hat, als die Cylinderskala senkrechte Teillinien, und schiebt
es um einen Zahn weiter. Es dreht sich also der Cylinder gelegentlich jeder Markirung um einen Teilstrich. Sobald die
Wirkung der Uhr aufhört, kehrt $H\,H^1$, also auch L und $S\,N$
durch die Wirkung der Feder F in die ursprüngliche Lage
zurück.

Um die Aenderungen des Wasserstandes zu zeigen, muss
sich N natürlich entsprechend aufwärts und abwärts bewegen.
Der Schieber S hängt desshalb an einer Schnur, die mit dem

zweiten Ende an der Trommel T befestigt ist. Je nach der Richtung, in welcher sich die Trommelaxe A^1 dreht, wird die Schnur abgewickelt, wobei S, seinem Gewichte folgend, an L abwärts gleitet, oder aufgewickelt, wodurch auch S emporgezogen

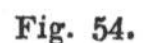

Fig. 54.

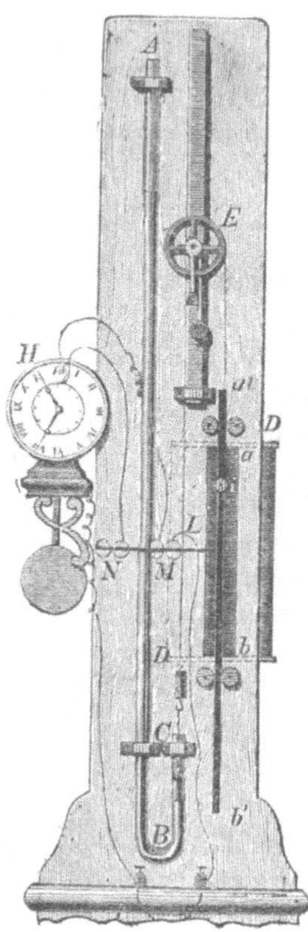

wird. Die Drehungen der Axe A^1 können nun in ganz gleicher Weise[1] bewirkt werden, wie dies in Punkt 28, 29, 30, 32 und 33 von der Zeigeraxe der daselbst besprochenen Zeichenempfänger (Fig. 36, 42, 45 und 47) gezeigt wurde.

Wie ersichtlich, markirt der Apparat nicht nur in gegebenen Zeiträumen den Wasserstand, sondern dieser kann auch zu jeder Zeit an der Skala PQ abgelesen werden.

38. Schliesslich möge, um auch für subtilere Schwimmeranlagen ein Beispiel anzuführen, der von Hardy[2] für das Observatorium zu Havannah konstruirte elektromagnetische Barometrograph kurz erwähnt werden: Ein leicht beweglicher Schwimmer befindet sich auf dem Quecksilber im offenen Schenkel CB (Fig. 54) des Barometers ABC und hängt an einem dünnen Drahte, der über ein sehr kleines Röllchen, das an der Drehaxe der Rolle E festsitzt, aufgewickelt ist. Wie der Schwimmer an dem kleinen Röllchen, so hängt ein

---

[1] Wenn es thunlich ist, den Registrirapparat gleich an der Messstelle anzubringen, so fällt die Notwendigkeit einer elektrischen Uebertragung natürlich weg und A_1 (Fig. 41) kann direkt durch den Schwimmer, der z. B. auf der Trommel W hängt, gedreht werden, indem ein auf der Axe A sitzendes Trieb- in das auf der Axe A_1 sitzende Zahnrad R eingreift.

[2] Vergl. Karsten, Encycl. XX p. 1295. — Du Moncel, Exposé IV. 422. — Dub, Elektromagnetismus p. 771.

zwischen Führungsrollen laufendes Lineal $a^1 b^1$ an der grossen
Rolle E. Dem Lineal gegenüber ist das als Gestellwand für
den Apparat dienende Brett bei $a\, b$ geschlitzt und auf der
Hinterseite der Wand ein durch eine Uhr in Rotation ver-
setzter Markir-Cylinder angebracht. Eine zweite Uhr H hat die
Aufgabe, als Stromsender zu wirken, indem sie alle Minuten die
Verbindung zwischen einer Batterie und dem Elektromagneten
N und gleich darauf eine zweite Verbindung der Batterie mit
dem Elektromagneten M herstellt. Der Anker des Elektromagneten N übt hierbei durch sein Angezogenwerden einen
leichten Stoss auf die Barometerröhre aus (um das richtige Ein-
stellen des Quecksilbers zu bewirken), während der Anker von M
durch Vermittlung eines Hebels auf das Lineal $a^1 b^1$ drückt.
Das Lineal trägt aber bei i den mit seiner Spitze dem Cylinder
$D\, D$ zugekehrten Markirstift und dieser dringt jedesmal in das
Papier ein, sobald $a^1 b^1$ die vorgedachte, vom Elektromagnet M
ausgehende Einwirkung erfährt. Das gebrauchte Papier, dessen
Vertikalstriche also die Beobachtungs-Zeiten angeben, während
die Horizontalstriche bezw. die vertikalen Abweichungen der
Markirpunkte den Quecksilberstand darstellen, wird nach Ablauf
der Umdrehungszeit des Markircylinders von demselben abgenommen und durch ein neues vorgedrucktes Exemplar ersetzt.

IV.

Beschaffung, Instandhaltung und Kosten.

39. Wie jede wie immer geartete Einrichtung soll auch die
elektrische Signalanlage nebst der Zweckdienlichkeit drei Haupt-
eigenschaften besitzen, nämlich: Einfachheit, Solidität und
Billigkeit.

Dem Laien imponirt in der Regel an den elektrischen Apparaten
die Komplizirtheit; jemehr Hebel, Schrauben, Federn u. s. w.
vorhanden sind, für desto schätzbarer hält er das Instrument und
es ist doch oft gerade das Gegenteil der Fall.

Bestandteile, welche nicht wirklich zur Erreichung der geforderten Leistung benötigt werden, sind nicht nur überflüssig, sondern störend und sollen wegbleiben. Je einfacher der Apparat, desto sicherer erfüllt er seinen Dienst, desto leichter ist er in Ordnung zu halten. Auf diesen Umstand soll der Besteller schon bei Aufstellung seines Programmes Bedacht nehmen; nichtsdestoweniger ist es eine in der Praxis nicht seltene Erscheinung, dass diejenigen, welche sich zu einer Auslage für elektrische Einrichtungen entschliessen, verführt von dem, was sie über die immense Verwendungsfähigkeit des elektrischen Stromes gehört und gelesen haben, Forderungen aufstellen, welche weit über das richtige Ziel hinausgehen. Die Apparate sollen nun, wenn man so sagen darf, „alle möglichen Melodien“ spielen. Der Mechaniker giebt sich Mühe, für ein gutes Stück Geld der gestellten Aufgabe zu entsprechen, führt auch die Sache aus, allein sie ist dadurch komplizirt geworden und — weniger zuverlässig. Der Besteller hat sich um den sicheren Vortheil gebracht, den ihm eine einfache Anlage geboten hätte und dagegen einen geschmälerten oder wenigstens ungewissen eingetauscht. Damit soll selbstverständlich nicht gesagt sein, dass eine komplizirte Einrichtung stets unsicher sein müsse. Wenn Alles von gutem Material, den mechanischen und elektrischen Gesetzen gemäss ausgeführt und mit der nötigen Sorgfalt gearbeitet ist, dann kann es und muss es wohl entsprechen. Man denke beispielsweise nur an einen Hughes'-schen Typentelegraphen oder an die ingeniösen, astronomischen und meteorologischen Registrirapparate[1]) der neueren Zeit u. s. w.; allein das sind sozusagen mechanische Kunstwerke, die eben ihrer Zwecke willen nicht einfacher hergestellt werden können, aber auch entsprechend bezahlt werden müssen. Wo hingegen ein zwingendes Erforderniss nicht vorliegt, soll weder im Programm noch in der Ausführung von der möglichsten Einfachheit abgewichen werden.

Soviel ist sicher, dass mit jedem Apparate, jedem Apparatbestandteile, jedem Leitungsstücke u. s. w., ja mit jeder Anschlussklemme mehr, die Fehlerquellen zunehmen und dass keine elektrische Signalvorrichtung immer besser ist, als eine unver-

---

[1]) Vergl. auch Punkt 36, 37 und 38.

lässliche. Mit Hinblick darauf, wird nebst der möglichsten Einfachheit auch die grösstmöglichste Solidität der Ausführung unbedingte Notwendigkeit.

Man darf sich in letzterer Beziehung nicht durch spiegelblanke Bestandtheile, durch glänzend polirte Konsolen, Kästchen und Fussbretter oder dergleichen das Auge lockende Nebensachen bestechen lassen; es handelt sich vielmehr — und auch bei der einfachsten Einrichtung — darum, dass, wie schon oben angedeutet wurde, alle Teile von vorzüglichem Material erzeugt, alle Mechanismen richtig construirt, die Teile durchweg von entsprechender Dimension und rein, passend und sorgfältig gearbeitet seien.

Der einzige Weg, welcher in dieser Richtung dem Besteller gedeihlich sein kann, ist der, dass er sich an eine bewährte, in elektrischen Signalapparaten leistungsfähige Firma wendet. Für den Uneingeweihten ist es leicht, hierin einen Fehlgriff zu tun, denn gerade in jüngster Zeit, wo die elektrischen Haustelegraphen eine allgemeine Verbreitung finden, gerirt sich schon jeder nächstbeste Brillenhändler als Telegraphen-Mechaniker, obwohl er die Tasten und Klingeln von irgend einer Fabrik bezieht und vielleicht von dem ganzen Fache nichts weiter versteht, als nach einer Schablone die Drähte eines Haus-, oder wenn's hoch kömmt, eines Hôteltelegraphen anzuordnen.

Solche Leute sind es, welche, indem sie aus Unkenntniss mangelhafte Anlagen herstellen, die elektrischen Einrichtungen beim Publikum diskreditiren.

Der Besteller möge also nicht versäumen zu prüfen, wem er sein Vertrauen zuwendet.

Bürgt nicht etwa schon die Empfehlung eines tüchtigen Fachmannes oder der bekannte Name der Firma für dieselbe, so empfiehlt es sich, Nachfrage zu halten, ob von ihr Aehnliches bereits ausgeführt wurde und, wenn dies der Fall ist, sich die Einrichtung an Ort und Stelle zu besichtigen, sowie insbesondere von jenen Personen, welche an der Signalvorrichtung beschäftigt und an ihrem richtigen Gang interessirt sind, über die Verlässlichkeit und Zweckdienlichkeit der Anlage eingehend Bescheid zu holen.

Was nun die Billigkeit anbelangt, so ist es schwer, hierüber

Direktiven zu ertheilen. Wird etwas Neues bestellt, nämlich was von den landläufigen Mustern und den im Besitze des Mechanikers befindlichen Apparattypen abweicht, dann bleibt dem Besteller nur übrig, sich vor der Ausführung einen genauen Voranschlag machen zu lassen. Für die häufig gebrauchten Formen lässt hingegen die Konkurrenz keine bedeutende Preisunterschiede mehr aufkommen.

Für Nichts gilt aber der Grundsatz, dass niedrige Preise nicht immer die Billigkeit ausmachen, so sehr, als für elektrische Anlagen und Offerten, welche für diesen Artikel Preise stellen, die nennenswerth kleiner sind, als die gebräuchlichen Mittelpreise verdienen erfahrungsmässig wenig Vertrauen; derlei geht in der Regel nur auf Kosten des Materials und der Ausführung.

Dafür lassen sich aber häufig bei der Anlage im Allgemeinen durch Weglassung von Ueberflüssigem Ersparungen erzielen, was von manchen Lieferanten nur zu gern übersehen wird. Es ist z. B. überflüssig, dass Bestandteile aus theurem Material gemacht werden, wenn man sie gleichwertig aus billigem herstellen kann, oder dass eine Rückleitung gebaut wird, wenn eine gute Erdleitung (vergl. Punkt 4) zur Verfügung steht, oder dass kostspielig isolirte Drähte an Stellen verwendet werden, wo einfache Wachsdrähte ganz gut den Dienst verrichten, oder dass 12 Elemente eingesetzt werden, wenn 6 genügen. Sehr verfehlt wäre es natürlich, aus Sparsamkeit den verkehrten Weg einschlagen zu wollen.

In dieser Richtung ein eigenes richtiges Urteil zu schöpfen, wird dem Laien schwer sein, desshalb wird er gut thun, sich vor der Bestellung einer elektrischen Anlage aus einer passenden Fachschrift über die ins Auge gefasste Einrichtung nähere Informationen zu holen, oder — insbesondere bei grösseren Anlagen — noch besser, einen tüchtigen Elektrotechniker als Beirat zu nehmen, der ihm das Programm detaillirt ausarbeitet, und nach der Herstellung bei der Uebernahme zur Seite steht.

38. Ein Haupterforderniss zur Erzielung einer stets entsprechenden Betriebsfähigkeit jeder elektrischen Signaleinrichtung ist die gute und unausgesetzte Pflege. Diese teilt sich in die Ueberwachung und in die eigentliche Instandhaltung.

Die Aufgabe der Ueberwachung besteht darin, alle äusseren

Anlässe fern zu halten, durch welche irgend ein Teil der Anlage eine Beschädigung, aussergewöhnliche Abnützung, unzulässige
Ingebrauchname u. s. w. erfahren könnte. Die Beaufsichtigung
hat sich weiters darauf zu erstrecken, dass täglich oder wenigstens
in regelmässigen, den Verhältnissen angemessenen Zeiträumen
die ganze Einrichtung in allen ihren Teilen durchgesehen werde,
um festzustellen, ob Alles in Ordnung und gutem Zustande ist.

Die Instandhaltung umfasst das rechtzeitige Nachfüllen oder
Erneuern der Batterien (wo solche vorhanden), das Reinigen und
Oelen der Mechanismen und das rechtzeitige Auswechseln schad-
hafter oder abgenützter Teile.

Während zur Ueberwachung alle bei oder nächst der Signaleinrichtung beschäftigten Individuen heranzuziehen und anzuhalten
sind, soll die Instandhaltung, welche schon mehr Sachkenntniss
fordert, einem bestimmten, ganz besonders verlässlichen Beamten
oder Arbeiter überantwortet werden, der vorher über seine Ob-
liegenheiten genau und eingehend belehrt und praktisch geübt
wird. Es ist von besonderem Werte vornehmlich bei grösseren
Anlagen, nicht nur über die Anwendung der Apparate, sondern
auch in Betreff der Ueberwachung und Instandhaltung an alle
Beteiligte, eine fassliche, kurze aber genügsam unterrichtende
Instruktion zu erlassen und dieselbe allenfalls schriftlich aufzu-
legen. Dabei muss auf die strikte und stete Befolgung dieser
Instruktion mit aller Strenge gesehen werden.

Wenn kein geeignetes Individuum vorhanden ist, dem die
Instandhaltung anvertraut werden kann, und es die Ortsverhält-
nisse zulassen, empfiehlt es sich, mit einem Telegraphenmechaniker
gegen ein Jahrespauschale abzuschliessen. Sehr häufig übernimmt
in dieser Weise gleich der Lieferant die Instandhaltung unter
Gewährleistung einer andauernden Betriebsfähigkeit der Einrichtung. Derlei Vereinbarungen wollen aber genau stipulirt und
eingegrenzt sein, wenn der Gefahr späterer Meinungsverschieden-
heiten über den Begriff „Instandhaltungen" vorgebeugt werden soll.

Das hier Gesagte lässt vielleicht Manchem die Pflege der
elektrischen Anlagen als mühevoll oder zeitraubend und desshalb
besonders kostspielig erscheinen; das ist jedoch keineswegs die
richtige Anschauung. Diese Arbeit ist an sich einfach und leicht,
nur will sie unbedingt pünktlich und gewissenhaft vollzogen sein.

5*

Eben hierin wird viel gesündigt und häufig wird gedacht, wenn eine Einrichtung vom Mechaniker vollendet und betriebsfähig übergeben wurde, nun müsste sie auch auf alle Zeiten hinaus gut gehen und Niemand kümmert sich mehr um die Leitung, die Batterien oder Apparate. Nur, wenn dann endlich die Sache den Dienst versagt, wird über die elektrischen Anlagen im Allgemeinen und über den Lieferanten — der vielleicht ganz unschuldig ist — im Besonderen, Klage geführt und es wäre doch Alles durch eine ganz kleine aber gewissenhaft aufgewendete Mühe in Ordnung erhalten geblieben.

Versäumte Pflege rächt sich immer und es muss also in dieser Richtung stets gewissenhafte Vorsorge getroffen werden.

39. Schliesslich mögen noch als Beihülfe zur Aufstellung von Ueberschlägen, nachfolgend einige, beiläufige Preisangaben Platz finden:

Eine Leitung im Freien auf eigenen Stangen, in der Art gewöhnlicher Telegraphenleitungen aus verzinkten 3 mm. starken Eisendraht ausgeführt, kostet, Material und Herstellung zusammengefasst, approximativ per Kilometer 160 Mark, jeder weiters zugespannter Draht (jede weitere auf dem gleichen Gestänge angebrachte Leitung) per Kilometer 58 Mark.

Die Preise für das Leitungs-Material stellen sich etwa nachstehend:

Isolatoren

kleine Porcellanrollen innerhalb der Gebäude an den Wänden benutzbar, je nach der Grösse (von 1 bis 4 cm) per 100 Stück . . . . 1 bis 12   M.

im Freien auf Stützen verwendbar von 4 bis 8 cm Grösse per Stück . . 0.2 bis 0.75 „

Stützen

von Rund oder Quadrat-Eisen mit Holzschrauben-Gewinde per Stück . . . . . . 0.4 „

„   „   „   zum Einmauern (für 1 Isolator) . . . . 0.4 „

„   „   „   „   („ 2   „   ) . . . . 0.7 „

Eisendraht

verzinkt 2 mm stark, verzinkt per 100 Kilo . . . . 60 „

„   3   „   „   „   „   „ . . . . 56 „

„   4   „   „   „   „   „ . . . . 54 „

„   5   „   „   „   „   „ . . . . 53 „

Stangen

Nadelholz unimprägnirt von 5.5 bis 8.5 Länge per Stück . . . . 1.4 bis 5 „

„   imprägnirt   „ 5.5 „ 8.5   „   „   „ 6   bis 9 „

Guttaperchadrähte

1.6 mm dick mit 0.8 mm starker Kupferseele p. Meter 0.1 M. p. 100 m. 6.2 M.
*2.1 „ „ „ 0 9 „ „ „ „ „ 0.12 „ „ „ „ 8 „
*2.7 „ „ „ 0.9 „ „ „ „ „ 0.13 „ „ „ „ 9 „
2.7—7.6 „ „ 1.6 „ „ „ „ „ 0.18—0.7 „ „ „ „ 15—55 „

Wachsdrähte

*2.1 „ „ „ 0.8 „ „ Kupferseele p. Meter 0.06 „ „ „ „ 4.5 „
3 „ „ „ 0.9 „ „ „ „ „ 0.08 „ „ „ „ 5.8 „
3.5 „ „ „ 1.6 „ „ „ „ „ 0.11 „ „ „ „ 7 „

Wachsdrahtkabel

bestehend aus mit Wolle umsponnenen Kupferdrähten; jede der einzelnen Leitungen hat zur Kenntlichmachung eine andere Farbe, dieselben werden durch eine doppelte Umspinnung mit Wolle zu einem Kabel vereinigt und in Wachs getränkt;

2 Leitungen mit je 0.9 mm starken Kupferseelen per 100 Meter 14 Mark
3 „ „ „ „ „ „ „ „ „ „ 18 „
4 „ „ „ „ „ „ „ „ „ „ 21 „

Ein kompletes Pappelement, oder ein Ballonelement (vergl. Punkt 7 und 8) kommt je nach der Grösse auf 2 bis 5 M., ein Leclanché-Element auf 2.6 bis 3.5 Mark zu stehen.

Ein gewöhnlicher Drucktaster (vgl. Fig. 14 und Fig. 15) wird, nach Massgabe seiner Ausstattung, für 0.9 bis 1.1 M., ein Sender (Schlüssel) mit Metallhebel (Fig. 16) für 12 bis 16 M. geliefert.

Den in Fig. 28 dargestellten Sender stellt sich die Kaiser-Franz-Josephbahn um ca. 8 fl. Oestr. Währ. = 14 Mark her; den in Fig. 29 und 30 dargestellten Schwimmer sammt Kontaktvorrichtung lieferte Leopolder in Wien (Teirich und Leopolder) s. Z. mit 35 fl. Oester. Währ. = 58 Mark. Ein liegendes Galvanoskop (Fig. 20) in einer Holzdose kostet beiläufig 4, in einer Messingdose 10 Mark, ein stehendes Galvanoskop (Fig. 17 u. 19) 18 bis 24 Mark; ist es zur Signalisirung mit einem Scheibchen eingerichtet (vgl. Punkt 17), 20—30 Mark.

Einen gewöhnlichen Wecker (Fig. 24) erhält man, je nach der Ausstattung, mit 4.50 bis 12 Mark, einen Selbstunterbrecher oder Selbstausschalter (Fig. 25 und 26) mit 6 bis 18 Mark, ein Läutewerk mit Uhrwerk, je nach der Grösse der Glocke, 45 bis 110 Mark.

Dem in Punkt 28 beschriebenen Wasserstandszeiger berechnet

---

*) Dies sind die für Anlagen, wie sie das vorliegende Schriftchen bespricht, zweckdienlichsten Drahtsorten.

G. Hasler in Bern — ohne Leitung, Batterien und Aufstellung — wie folgt:

    a) Kontaktwerk mit Schwimmer (Fig. 35). . . . 300 Fr.

    b) Zeigerwerk mit Kontaktvorrichtung · für die Signalisirung des höchsten und niedersten Wasserstandes . . . . 300 Fr.

Der in Punkt 29 geschilderte Wasserstandszeiger von C. und E. Fein kostet:

    a) Kontaktwerk (Fig. 37 u. 38) in Zinkschutzkasten mit messing. Stiftenkette, Gegengewicht und Schwimmer . . . . 195 Mark

    b) das Zeigerwerk mit Zifferblatt exclusive Allarm-Vorrichtung . . . . 220 „

    c) die Allarm-Vorrichtung sammt Läutewerk 75 „

    Soll das Kontaktwerk gleich zur Ingangsetzung zweier Zeigerwerke dienen berechnet es sich mit . . . . 275 „

Die Kosten für den Siemens und Halske'schen Wasserstandszeiger, wie er in Punkt 32 beschrieben wurde, stellen sich exclusive Leitung und Aufstellung etwa

    für 1 Induktor, nach zwei Richtungen wirkend, mit Kletterrad und 4 Meter Kette . . . . 360 Mark

    1 Ausgleichkette 1.4 M. lang, Kletterrolle, Haken und Schrauben . . . . 46 „

    1 kupferner Schwimmer mit Aufhängestange . 120 „

    1 Zeigerapparat . . . . 190 „

    hierzu eine Kontaktvorrichtung für Weckersignale des Maximal- und Minimal-Wasserstandes . 60 „

    1 Wecker mit Fallscheibe . . . . 30 „

    4 galvan. Elemente für die Weckerlinie . . . 8 „

                               in Summa auf 814 Mark.

Für einen telegraphischen Wasserstands-Registrator endlich (vergl. Punkt 37) verlangt G. Hasler in Bern 1110 Fr. excl. Leitung und Aufstellung, und zwar für die Kontaktvorrichtung (Fig. 35) 300 Fr. und für den Registrirapparat sammt Schaltwerk und Zeiger mit einer 8 Tage gehenden Uhr, den Pegelstand stündlich markirend, 800 Fr.

Alphabetisches Sachregister.